29.09

Bobby Schenk · Navigieren mit GPS

Bobby Schenk

Navigieren mit GPS

PIETSCH VERLAG STUTTGART

Einbandgestaltung: Johann Walentek, unter Verwendung zweier Bilder des Autors.

Bildnachweis: Die Grafiken erstellte Claude Sins. Die Abbildungen Nr. 21, 43 u. 44 wurden freundlicherweise von der Firma ELNA Elektro-Navigation und Industrie GmbH, Siemensstraße 35, 25462 Rellingen, Tel.: 04101–301–0 zur Verfügung gestellt.
Alle übrigen Fotos und Diagramme stammen vom Autor.

Die Ratschläge in diesem Buch sind von Autor und Verlag sorgfältig erwogen und geprüft, dennoch kann eine Garantie nicht übernommen werden.
Eine Haftung des Autors bzw. des Verlages und seiner Beauftragten für Personen-, Sach- und Vermögensschäden ist ausgeschlossen.

ISBN 3-613-50218-6

2. Auflage 1996
Copyright © by Pietsch Verlag, Postfach 10 37 43, 70032 Stuttgart.
Ein Unternehmen der Paul Pietsch Verlage GmbH + Co.
Sämtliche Rechte der Speicherung, Vervielfältigung und Verbreitung sind vorbehalten.
Satz: primustype R. Hurler GmbH, 73274 Notzingen.
Druck: Studio-Druck, 72661 NT-Raidwangen.
Bindung: E. Riethmüller, 70176 Stuttgart.
Printed in Germany.

Inhalt

Vorwort _____ 7

1. GPS revolutioniert die Navigation _____ 9

2. Errichtung des GPS-Systems _____ 15

3. Wie funktioniert GPS? _____ 18

4. Was jeder Skipper über Navigation wissen muß _____ 26

5. Die Seekarte _____ 33

6. Rausmessen einer Position aus der Seekarte _____ 35

7. Einzeichnen einer Position _____ 36

8. Erstes Einschalten des GPS-Empfängers _____ 38

9. Die verschiedenen GPS-Empfänger-Typen _____ 40

10. Einbau des GPS-Empfängers _____ 59

11. Genauigkeit des GPS-Verfahrens _____ 63

12. Weiterverarbeitung von GPS-Informationen in der Seekarte _____ 72

13. Geschwindigkeitsanzeige am GPS _____ 80

14. Kursanzeige am GPS _____ 84

15. Navigation mit Kursabweichungs-Anzeiger (CDI) _____ 87

16. Törnplanung _____ 102

17. Was tun, wenn das GPS ausfällt? _____ 105

18. Datenausgang _____ 121

19. Kartenplotter _____ 124

20. Differential-GPS (DGPS) _____ 130

Abkürzungsverzeichnis/ Fachausdrücke _____ 133

Vorwort

Längst sind die Zeiten vorbei, als Navigation eine Geheimwissenschaft war. Heute kann sich jeder für nicht sehr viel Geld die Navigation in Form eines Kunststoffkastens mit den drei magischen Buchstaben »G P S« beim Schiffshändler kaufen. Wer will es dem Skipper verübeln, wenn er den Werbesprüchen von der »kinderleichten Navigation« erliegt? Doch beherrscht er damit auch die Kunst und die Tricks, Mannschaft und Schiff auf dem kürzesten Weg zum sicheren Hafen zu bringen? Besteht nicht die Gefahr, daß einige, die sich früher nicht so recht aufs Meer getraut haben, nun bedenkenlos einer Technik bedienen, die auch mal versagen kann?

Hier möchte dieses Buch weiterhelfen, dem Newcomer, der nicht einsieht, warum er sich zeitaufwendig wegen der Navigation auf die Schulbank setzen soll, dem Könner, der die Errungenschaft der Satellitenhilfe im Navigationsbereich einsetzen will und schließlich dem, der keinen Durchblick hat durch die dicke, meist in Englisch gehaltene Gebrauchsanweisung seines GPS-Gerätes. Alle sollen aus der GPS-Box nicht nur ihren Standort rausholen, sondern ihre Navigation noch effektiver machen. Das dient der Sicherheit.

GPS wiegt mehr als alle anderen modernen Navigationssysteme in Sicherheit. Jedenfalls, solange es funktioniert. Das kann sich in Sekunden ändern. Gleichgültig ob Könner oder Anfänger, ob auf hoher See oder in Küstennähe, in diesem Buch werden erprobte und kinderleichte Patentrezepte geliefert, um notfalls ohne GPS den nächsten Hafen zu erreichen.

Bedanken möchte ich mich für die Unterstützung bei den Firmen ELNA und TRIMBLE, bei der GPS-Gesellschaft für professionelle Satellitennavigation und insbesondere bei Frau Dipl.Ing Schiemann und Oberregierungsrat Dipl-Ing. Uwe Petersen vom »Bundesamt für Seeschiffahrt und Hydrographie« (BSH)

Meinen Undank möchte ich aussprechen dem Bundesamt für Post und Telekommunikation, das bis heute die restriktive Gesetzgebung der Post fortsetzt, nach der – im krassen Gegensatz zu anderen Ländern – die meisten GPS-Benutzer auch in Zukunft immer noch als Rechtsbrecher angesehen wer-

den. Ein bemerkenswerter Beitrag zur Unsicherheit der Schiffahrt. Deshalb ausdrücklich die Warnung:
Wenn in diesem Buch bestimmte Geräte erwähnt oder abgebildet sind, bedeutet dies nicht, daß deren Betrieb in der Bundesrepublik oder auf deutschen Schiffen erlaubt ist.

An Bord der Drei-Mast-Barkentine *Amorina* (33° 20.57' N 30° 35.82' E)
den 1. November 1994
Bobby Schenk

1. GPS revolutioniert die Navigation

GPS, also die Navigation mit künstlichen Himmelskörpern, ist die größte Revolution in der jahrtausendalten Geschichte der Navigation. Wie nie zuvor erreicht ein Navigationssystem bereits jetzt weltgeschichtliche Bedeutung. Hatte zu Zeiten von James Cook die Entdeckung ferner Welten mit Hilfe des frisch erfundenen Chronometers zunächst für den einfachen Bürger Englands höchstens den Vorteil, daß er in den Genuß orientalischer Gewürze gelangte, so wird in ganz naher Zukunft GPS unsere Automobile durch die Großstadtstraßen leiten und Verkehrsflugzeuge bei Nebel mit Sichtweite Null auf die Landebahn setzen. Geschichte ist leider schon die Fähigkeit von GPS, metergenau Raketen zur Vernichtung von Menschen ins Ziel zu führen, was offiziell der Friedenssicherung dient. Damit mögen wir uns trösten.

Für den Segler und Bootfahrer hat GPS nur gute Aspekte. War noch vor ein paar Jahren die Navigation auf dem Wasser, also dort, wo den Wanderer zwischen den Kontinenten oder an der Küste entlang keine Straßen leiten, mit sovielen Unwägbarkeiten ausgestattet, daß schon deshalb mancher Segeltörn abenteuerlich war. Daß man eines Tages immer und bei allen Zeit- und Wetterbedingungen seinen Schiffsort kennen würde, davon träumten wir. Dieser Traum ist jetzt wahr geworden.

Um begreifen zu können, welch ungeheurer Fortschritt das **G**lobal **P**ositioning **S**ystem (GPS) darstellt, ist eine kurze Betrachtung der Geschichte der Navigation reizvoll. Denn nur so kann man nachempfinden, wie sehr sich der Kapitän, Admiral, der Weltumsegler, der Themse-Lotse, Columbus oder Captain Cook ein solches Navigationssystem zur genauen Bestimmung des Schiffsortes herbeigesehnt haben.

Beginnen wir in der Neuzeit, genauer bei Christoph Columbus. Denn über die Zeiten vorher wissen wir ganz wenig. Und die Geschichtsschreiber, allesamt in nautischen Dingen nicht besonders sachkundig, haben gerade zu diesem Thema mehr Stories geschrieben denn wissenschaftlich aufgearbeitet. So waren sicher die (geglückten) sagenumwobenen Fahrten der Polynesier nichts anderes als Zufallsfahrten. Gleiches gilt in Europa für die Wikinger, die halt in eine bestimmte Richtung losgesegelt oder gerudert und (manchmal) auch irgendwo an Land gestiegen sind. Sicher haben sie auch navigiert, sie haben sich halt nach der Windrichtung orientiert und frühe Vorläufer unseres Magnetkompasses eingesetzt, oder das Erscheinen von Seevögeln als Indiz für den bevorstehenden Landfall genommen. Von »Genauigkeit« kann da noch nicht gesprochen werden.

Die Möglichkeiten, die Columbus hatte, sind bekannt. Er wäre in der Lage gewesen, mit Hilfe einer Sonnenmessung seine Schiffsbreite zu bestimmen. Wohlgemerkt mit einer Messung, nämlich immer dann, wenn die Sonne jeden Tag am höchsten stand. Aus dem Winkel der Sonne über dem Horizont konnte man damals schon die Schiffsbreite bestimmen – mehr nicht. Eine Methode, die bereits die Babylonier mehrere Jahrtausende zuvor erfolgreich anwendeten. Sie hatten beobachtet, daß in ihrem Land die Sonne am gleichen Tag verschieden hochgestiegen war, je nachdem, ob sich der Astronom im Süden oder Norden Babyloniens befunden hatte. Also konnte man umgekehrt aus der Höhe der Sonne über dem Horizont herausfinden, wie weit sich der Beobachter im Norden oder Süden befand.

Das konnte Columbus auch: die Breite bestimmen. Besser gesagt, er hätte es können. Warum er es nicht getan hat, wissen wir nicht. Stattdessen hat er in seinen Logbüchern die Nachwelt mit erfundenen Breiten irritiert. Vielleicht war ihm auch das Ganze zu suspekt, vielleicht dachte er sich, daß die Breite ohne die geographische Länge seines Schiffsortes nicht viel besser sei, als ein halbes Paar Schuhe. Er vertraute seinem (wakkeligen) Kompaß und seinen Geschwindigkeitsbestimmungen offensichtlich mehr. Er machte sich sogar die Mühe, damit einen Schiffsort anzugeben. Ich kann mir kaum vorstellen, daß sich der Admiral vor der Küste Amerikas allzuviele Gedanken um die Genauigkeit dieses Ortes gemacht hat, denn dies hätte ihn frustrieren müssen: Sein Schiffsort war sicher mit Ungenauigkeiten von einigen *hundert* Meilen behaftet. Das bezeichnen wir heute nicht mehr als Navigation.

In Landnähe war die Navigation brauchbar. Zumindest bei Tag, wenn kein Nebel herrschte, wurden Küstenmarken mit dem Kompaß gepeilt, die beiden Peilungen in die primitiven Seekarten eingezeichnet und dort, wo sich die beiden Linien schnitten, war ein einigermaßen genauer Schiffsort fertig. Jedoch auf hoher See hat es nach Columbus fast drei Jahrhunderte in der Navigation praktisch keinen Fortschritt gegeben. Die Breite konnte auf vielleicht 10 Seemeilen, 1 Seemeile sind 1,85 Kilometer, bestimmt werden, die Länge – gar nicht! Alle Methoden und Patentrezepte zur Bestimmung der geographischen Länge, zum Beispiel mit Winkelmessungen zwischen Mond und Sternen, erwiesen sich als schwierig, ungenau, ja falsch.

Erst als Ausgang des 18.Jahrhunderts der englische Zimmermann John Harrison eine Uhr baute (er brauchte Jahrzehnte hierfür), die auch auf See über Monate hinweg die Zeit nicht verlor, war eine Methode gefunden, um auch ohne Landsicht die geographische Länge zu bestimmen. Das war eine Revolution, die der Einführung von GPS gleichkam. Heute kann man sich keine Vorstellung machen, was dies bedeutete. Man entdeckte nicht nur bis dahin unbekannte Inseln, nein, was wichtiger war, man fand sie wieder. Die präzisen Uhren auf den Schiffen Seiner Majestät wurden als Schlüssel zum britischen Weltreich bezeichnet.

Man glaubt es nicht, aber der Erfindung des Schiffschronometers folgte 150 Jahre lang praktisch nichts Neues. So wie James Cook mit Sonne und Sextant (oder ein paar Sternen) seinen Schiffsort auf vielleicht fünf Meilen genau auf hoher See festlegen konnte, so navigierten auch die Deutschen U-Boot-Fahrer und die amerikanischen Bomberpiloten im Zweiten Weltkrieg.

Nach dem Krieg hielt die Elektronik auch auf Yachten Einzug. Allerdings ergaben Funkpeiler nur in Landnähe einigermaßen genaue Standorte. Gleiches galt für eine (fast) seekriegsentscheidende Erfindung der Engländer, das Radar. In Landnähe (und bei guter Sicht!) waren Kompaßpeilungen (wie zu Zeiten von Columbus) das Maß in der Navigation, auf hoher See die Navigation mit den natürlichen Gestirnen. Gerundet war der Navigationsstandard bis zum Beginn der 80er Jahre auf hoher See eine Genauigkeit von vielleicht drei Seemeilen und in Landnähe ein bis zwei Seemeilen.

Man sollte sich über diese Größenordnungen im klaren sein, um den Fortschritt, den GPS gebracht hat, einordnen zu können, aber auch, um die Grenzen von GPS – die gibt es – zu erkennen.

Die Anfang der achtziger Jahre auch in der Kleinschiffahrt eingeführten raffinierteren elektronischen Navigationssysteme waren zwar jedes für sich in der damaligen Zeit fast ein Wunder der Technik, doch irgend ein Haken, der seine Verwendbarkeit erheblich einschränkte, war immer dabei. So wurde zwar beim, für U-Boot-Waffen wichtigen, eingeführten Omega-Verfahren eine Genauigkeit von zwei Seemeilen in der Nacht und eine Meile untertags versprochen, doch die praktischen Erfahrungen sahen ganz anders aus. Die anfangs hunderttausend Mark teuren Geräte funktionierten zwar fast weltweit, doch wurden die erwünschten Genauigkeitswerte trotz aller aufwendigen Korrekturtafeln nicht erreicht. Wetterfühlig war Omega zudem. Nach einem Gewitter handelte man sich gelegentlich einen »Lanesprung« ein, und schon lag man 10 Meilen daneben. Consolfunk war ein zwar einfaches, doch auch je nach Küstenentfernung höchst ungenaues Navigationsmittel. Zwar war ein Standort im Nebel von 10 Meilen Genauigkeit immer noch besser als gar keine Position, doch besonders eindrucksvoll war dies nicht, zumal schon James Cook vor fast zwei Jahrhunderten genauer navigierte. Zwischenzeitlich war an weiten Küstenstrichen Amerikas (und eingeschränkt auch im Mittelmeer) zunächst LORAN A, dann LORAN C eingeführt worden, was zum ersten Male hochgenaue Schiffsorte (je nach Entfernung zu den Sendern an der Küste) im Bereich besser als 2 sm (im Bereich der Bodenwelle) versprach. LORAN C wird voraussichtlich als einziges der elektronischen »Landsysteme« überleben und ist sogar als Redundanz-System (Reserve-System) für GPS vorgesehen. Es wird komplett das DECCA-System ablösen.

Das Decca-System setzte noch eins drauf. An den nordeuropäischen Küsten kamen nun auch Segler und andere Küstenschiffe in den Genuß eines Navigationssystems, das auch nachts und bei schlechtem Wetter Schiffsorte von genauer als 1 sm (1852 m) versprach.

Gleichzeitig lernten wir damals auch, daß es problematisch sein kann, wenn ein Navigationssystem von Firmen als Betreiber installiert ist. Decca war ursprünglich für englische Fischer zum Auslegen und Wiederfinden der Netze in der Nordsee eingerichtet worden. Die Decca-Empfänger mußten die Skipper mieten. Als für die Sportschiffahrt dann Fremdfirmen preiswerte Geräte (anfangs unter zehntausend Mark) verkauften, manipulierte der Betreiber der Decca-Ketten die Radio-Signale derart, daß zwar die ordnungsgemäß gemieteten Geräte, nicht aber die »Fremd«-Geräte funktionierten. Massive Proteste mit Hinweisen auf die Sicherheit der Seefahrt ließen die Firma Decca resignieren.

Decca war zuverlässig, (fast) störungssicher und sehr genau. Sein Nachteil war die Beschränkung auf bestimmte Gebiete. Segelte eine

Abb. 1: Drei-Mast-Barkentine *Amorina* segelt modern mit GPS (und Radar).

Yacht von Norddeutschland ins Mittelmeer, war schon am Kanalausgang mit Decca Ende.

Die Satelliten sollten weltweit zu einer hochgenauen Navigation verhelfen. 1979 wurde das TRANSIT-Verfahren eingeführt, bald fand sich auf zahlreichen Yachten so ein kleiner Empfänger von der Firma Walker (die bis dahin höchst einfache Schlepplogs –mit einer Genauigkeit von plus minus 5 Prozent – gebaut hatten). Standorte von besser als eine Meile weit draußen auf hoher See oder in Küstennähe sollten die Empfänger ausspucken. Zwar nicht rund um die Uhr (dafür reichten die Handvoll Satelliten nicht), doch immerhin, für alle 45 min wurde ein Schiffsort versprochen. Zuviel! Häufig vergingen viele Stunden, bis so ein Satellit in ausreichender Höhe am Himmelsgewölbe vorbeikam. Und mit der Genauigkeit haperte es auch gelegentlich. Wann? Das war es eben, das wußte man nicht.

Anfang der achtziger Jahre herrschte in der Seefahrt folgende Situation: Die Navigation mit den natürlichen Gestirnen war störunanfällig, aber nur mit Einschränkungen, nämlich gute Sicht zu den Gestirnen und(!) zum Horizont, zu benutzen. Viele fanden sie auch schwierig anzuwenden. Und die Genauigkeit mit vielleicht 5 Meilen war ausreichend für die hohe See, nicht aber in Landnähe. Decca und LORAN C waren einfach und hochgenau, doch nicht überall erhältlich. Das satellitengestützte Verfahren TRANSIT legte zwischen den einzelnen Schiffsortbestimmungen immer wieder Stunden der Ungewissheit ein. Für 1996 ist geplant, es abzuschalten.

Radar als Navigationshilfe funktionierte nur im nahen Küstenabstand und die jahrhundertealten traditionellen Methoden der Küstennavigation (meist Kompaßpeilungen) waren ungenau und auch nur bei guter Sicht möglich, nichts also im dichten Regen, bei Nebel oder nachts an einer unbefeuerten Küste.

Die Menschheit brauchte und wartete seit vielen hundert Jahren auf ein Navigationssystem, das jederzeit, weltweit und überall, unter allen Sicht-und Wetterbedingungen einen hochgenauen Schiffsort geben würde: GPS eben.

2. Errichtung des GPS-Systems

Das Global Positioning System ist ein militärisches System. Dieser Umstand hatte und wird auch in Zukunft erhebliche Bedeutung haben. Denn es steht im Belieben der Betreiber, also den amerikanischen Militärs, nicht nur GPS an- und abzuschalten, sondern auch die dem Benutzer zur Verfügung gestellte Genauigkeit zu manipulieren. Dies stimmt nachdenklich, denn am GPS-Empfänger an Bord wird niemals abzulesen sein, daß GPS eben gerade mit höchstmöglicher Genauigkeit oder mit grober Ungenauigkeit arbeitet. Beispielsweise wurde im Irak-Krieg erwartet, daß das Signal für die zivile Nutzung abgeschaltet wird. Das Gegenteil war der Fall. Noch nie zuvor hat GPS mit einer derart hohen, dem zivilen Benutzer zur Verfügung stehenden Genauigkeit gearbeitet wie in den Monaten der Irak-Krise. Der Grund hierfür dürfte damals gewesen sein, daß die amerikanischen Militärs davon ausgegangen sind, daß die gegnerischen Truppen eben noch nicht im Besitz von GPS-Empfängern sind, obwohl GPS-Empfänger damals überall auf der Welt bereits frei käuflich waren. Somit stand die hohe Genauigkeit des GPS-Systems (besser als 25 Meter) theoretisch zwar beiden Seiten, in der Praxis jedoch nur den eigenen Truppen zur Verfügung.

Andererseits können wir froh sein, daß uns GPS überhaupt zugänglich ist, denn die amerikanischen Militärs hat niemand dazu gezwungen, es der privaten Nutzung zur Verfügung zu stellen. Trotzdem sollte man sich der geschilderten Gefahren immer bewußt sein.

Es ist sogar nicht mit letzter Sicherheit auszuschließen, daß über GPS nicht nur ungenaue Informationen, sondern falsche Daten geliefert werden. Dies ist allerdings nicht sehr wahrscheinlich, auch wenn daran nur im Falle eines Krieges gedacht werden sollte.

Die Abhängigkeit von einem Navigationssystem der Militärs wird solange bestehen bleiben, bis nicht ein ziviles GPS-System zur Verfügung gestellt wird. Wenn eine diesbezügliche Planung auch noch nicht konkrete Formen angenommen hat, so wird man davon ausgehen können, daß vielleicht um die Jahrtausendwende ein derartiges System eingerichtet werden wird.

Ein weiterer Schritt zur Unabhängigkeit vom US-amerikanischen Militär ist die Tatsache, daß nicht nur die Amerikaner ein GPS-System installiert haben, sondern daß auch schon seit längerem ein zweites, allerdings gleichfalls militärisches System zur Verfügung steht, nämlich das russische GLONASS (GLObal NAvigation Satellite System). Es wird derzeit daran gearbeitet, Satelliten-Empfänger auf den Markt zu bringen, die für beide Systeme geeignet sind.

Konkurrenz belebt das Geschäft. So dürfte auch für immer die ursprünglich geplante Gebührenpflicht für zivile Benutzer vom Tisch sein.

Seit Beginn der GPS-Installation, also dem Aussetzen der erforderlichen Satelliten, gab es für das gesamte System einige Rückschläge. Um mindestens zwei Jahre wurde die komplette Installation des Systems verzögert, als es zur Challenger-Katastrophe kam, bei der die Raumfähre kurz nach dem Start explodiert war. Nunmehr ist das System aber voll installiert, wenn auch offiziell noch nicht freigegeben.

Derzeit befinden sich 24 Satelliten der zweiten Generation im Umlauf. Hierbei handelt es sich um 21 Haupt- und 3 Reservesatelliten. Ihr

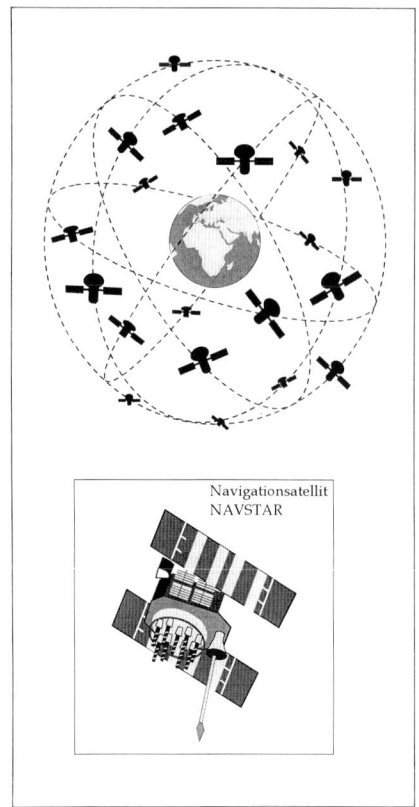

Abb. 2

Gewicht beträgt rund eine Tonne und sie messen ungefähr sechs mal sechs Meter. Sie umlaufen die Erde in sechs verschiedenen Bahnen in 20 km Höhe. Eine Erdumkreisung dauert jeweils zwölf Stunden. Damit ist eine weltweite Abdeckung mit GPS-Satelliten rund um die Uhr derart gewährleistet, daß fortlaufend und ständig dreidimensionale Standorte erhalten werden können. Es sind also für jeden Ort mindestens vier Satelliten nutzbar.

In der nördlichen Hemisphäre stehen dagegen ständig in der Regel fünf bis acht Satelliten über dem Horizont. Dies kann in der Praxis dann Bedeutung bekommen, wenn beispielsweise die Antenne des GPS-Empfängers an Bord, aus welchen Gründen auch immer, nicht so angebracht ist, daß sie eine Rundum-Sicht hat, sondern beispielsweise durch Decksaufbauten ihr Gesichtsfeld eingeengt ist. Gleiches ist auf Segelyachten regelmäßig zu erwarten, nämlich dann, wenn sie mit Krängung gesegelt werden.

3. Wie funktioniert GPS?

Faszinierend an GPS ist einerseits seine Leistungsfähigkeit, andererseits seine kinderleichte Anwendung. Soll beispielsweise ein Schiffsort mit Hilfe von Gestirnsmessungen bestimmt werden, dann muß zunächst einmal mit Hilfe eines Sextanten (der nichts anderes ist, als ein hochpräzises Winkelmeßinstrument) der Winkel aus der Sonne mit einem Punkt, exakt senkrecht darunter auf dem sichtbaren Horizont, genannt Kimm, gemessen werden. Gleichzeitig muß im Zeitpunkt der Messung die Uhrzeit festgestellt werden. Dann geht die Arbeit erst richtig los: Aus dem Nautischen Jahrbuch (das jährlich neu erscheint) wird die Position des Gestirns genau für den Meßzeitpunkt errechnet. Ist das geschehen, wird mit Hilfe von weiteren umfangreichen Hilfstafeln oder mit dem Computer errechnet, um wieviele Meilen das Schiff vom geschätzten Schiffsort entfernt ist. Zuletzt wird, so man sich nicht mit den Winkelfunktionen verrechnet hat, mit Hilfe des geschätzten Schiffsortes in die Seekarte eingezeichnet, auf welcher *Linie* sich das Schiff befindet. Der wichtigste Grundsatz in der Navigation schlechthin lautet nämlich: Eine einzige Messung ergibt niemals einen Schiffsort, sondern nur eine Linie, auf der sich der Skipper irgendwo befindet. Das bedeutet aber, daß sich die Messerei, die Rechnerei und die Zeichnerei in ein paar Stunden wiederholen muß. Dann wird sich die zweite Standlinie mit der ersten schneiden, was einen *Schiffsort* ergibt, der, je nach Meßgenauigkeit, zwei bis drei Seemeilen genau ist –, wenn sich das Schiff in den letzten paar Stunden zwischen den Messungen nicht bewegt hat. Wenn doch, dann muß noch die zwischen den beiden Messungen zurückgelegte Strecke und der zurückgelegte Kurs berücksichtigt werden. Etwas leichter tut sich der Navigator, wenn ihm gleichzeitig zur Sonne noch ein zweites Gestirn zur Verfügung steht. Das ist aber ein Sonderfall und kommt lediglich in den Zeiten des Halbmondes vor. Oder ganz selten, wenn die Venus sichtbar ist. Dann kann der Navigator beide Standlinien zeichnen, ohne daß er die »Versegelung« (Strecke und Kurs zwischen beiden Messungen) berücksichtigen muß.

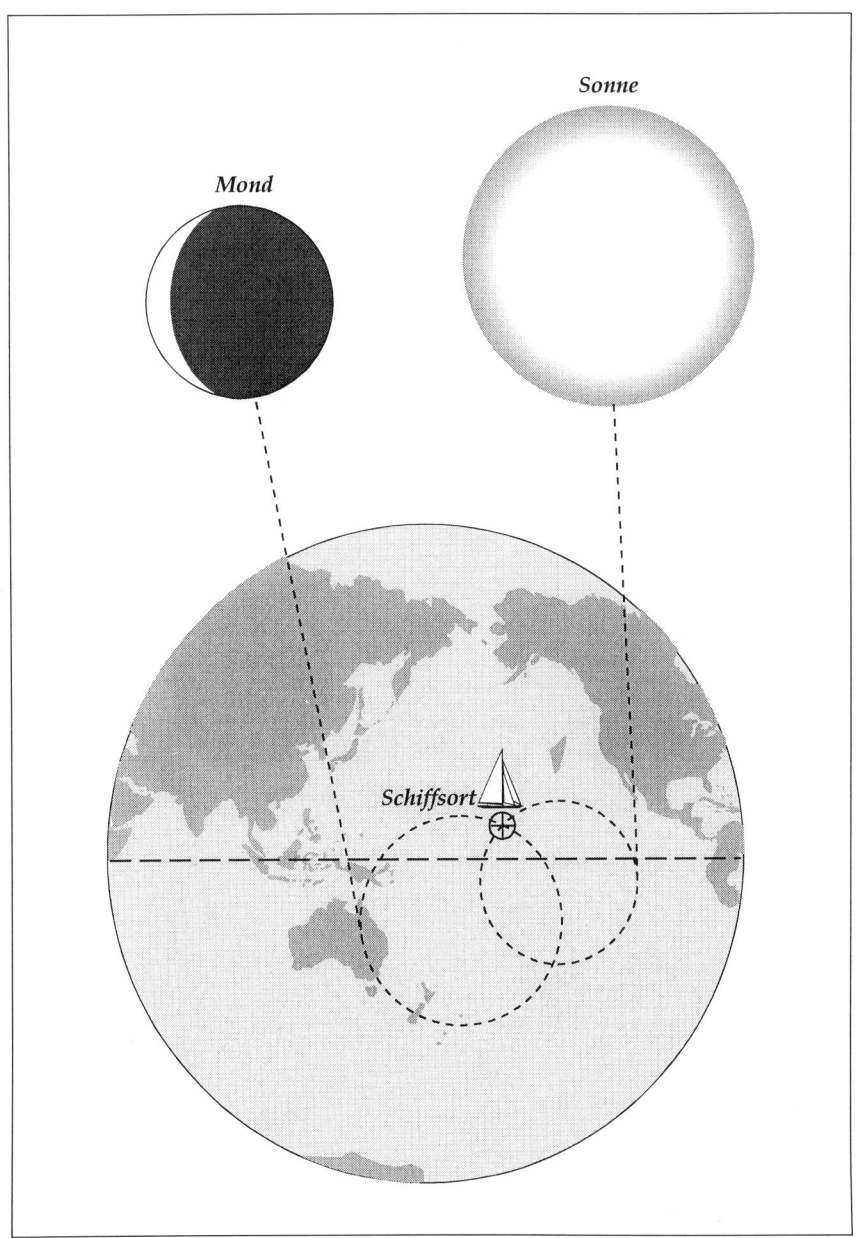

Abb. 3: Eine Messung mit dem Sextanten ergibt nur einen Standlinienkreis, auf dem sich das Schiff irgendwo befindet. Erst bei Verwendung einer zweiten Gestirnsmessung bekommt man einen Standort.

Daß eine derartige Methode mit vielen Fehlermöglichkeiten (Meßfehler und vor allem Rechenfehler) behaftet sein kann, liegt auf der Hand und hat auf langen Ozeanüberquerungen schon viel für Aufregung und Unsicherheiten gesorgt, bis dann endlich Land voraus auftauchte.

Ganz anders beim GPS. Wir blikken auf die Anzeige (Display) unseres GPS-Empfängers und lesen dort fix und fertig den Schiffsort nach geographischer Länge und Breite ab. Viel genauer natürlich als die Navigation mit den Gestirnen etwa und vor allem rund um die Uhr – wetterunabhängig.

Und dennoch: GPS funktioniert nach dem gleichen System – auch wenn wir davon nichts mitbekommen –, indem nämlich mit Hilfe von zwei Messungen der natürlichen Himmelskörper der Schiffsort herausgefunden wird. Beim GPS macht der Computer im Empfänger nur alles alleine, ohne daß wir mitarbeiten müssen. Ja, wir könnten nicht einmal in den Rechengang eingreifen. Dem Autofahrer, der in naher Zukunft sein GPS-Gerät im Neuwagen als Selbstverständlichkeit ansehen wird, wird es sicher immer gleichgültig sein, warum sein Gerät die Meldung bringt: »GPS gestört«.

Für uns Navigatoren aber ist es in der Praxis lohnenswert, wenn wir uns einmal mit dem – leichten – Prinzip der Arbeitsweise von GPS auseinandergesetzt haben. So können wir später in der Bordpraxis eventuelle Störungen, die es auch bei GPS gibt, leichter erkennen. Der Navigator, der weiß, wie sein Empfänger zu einem genauen Standort kommt, wird leichter beurteilen können, ob eine verdächtige Abweichung von seinem erwarteten Kurs auf einen möglichen Fehler im GPS-System oder auf eine Stromversetzung schließen läßt. Darüber hinaus wäre es eigentlich schade, wenn der Navigator sich nicht einmal mehr Gedanken macht, warum er nun in der Lage ist, auf hoher See, weitab vom Land, auf ein paar Meter genau seinen Standort zu bestimmen.

Haben wir bei der Navigation mit natürlichen Gestirnen die Entfernung zur Sonne oder Mond mit Hilfe des Sextanten – vereinfacht gesagt – aus dem gemessenen Winkel über der Kimm gemessen, so bestimmt unser GPS-Empfänger die Entfernung zu einem bestimmten Satelliten aus der Zeit, die ein Sendesignal vom Satelliten bis zur Antenne des GPS-Empfängers an Bord braucht. Die Überlegung ist einfach: Nachdem die »Reisegeschwindigkeit« einer Radiowelle bekannt ist (ähnlich der Lichtgeschwindigkeit), kann der Computer im GPS die Wegstrecke vom Satelliten bis zum GPS-Empfänger auf der Yacht leicht ausrech-

nen, wenn er die – sehr kurze Zeitspanne weiß, die das Radiosignal benötigt hat, um zum Schiff zu gelangen. Jeder hat in der Schule gelernt, daß die Geschwindigkeit eines Gegenstandes aus der verbrauchten Zeit und der Strecke berechnet werden kann, die ein Fahrzeug zurückgelegt hat. Zum Beispiel: Ein Fahrrad fährt mit einer gleichmäßigen Geschwindigkeit von 15 km/h 32 min lang. Wie weit ist der Fahrradfahrer gekommen?
Daß bei der hohen Geschwindigkeit eines Sendesignals (ungefähr Lichtgeschwindigkeit) mit einer geradezu unglaublichen Präzision gemessen werden muß, versteht sich von selbst. Unser GPS-Empfänger, so klein und unscheinbar er auch ist, macht nichts anderes, als den Zeitpunkt zu stoppen, an dem das elektrische Signal bei ihm eintrifft. Vom Satelliten wird dem Empfänger gleichzeitig mitgeteilt, wann das Sendesignal »abgeschickt« worden ist, so daß der Empfänger die Zeitspanne für die lange Reise des Funksignals vom Satelliten zum Schiff ausrechnen kann.
Für diese Rechnung ist neben dem Satelliten, dessen Funksignal der Bordempfänger aufgenommen hat, das Vorhandensein eines zweiten Satelliten notwendig. Denn vom zweiten Satelliten bekommt der Bordempfänger die exakte Uhrzeit. Auch die beste Quarzuhr mit höchster vorstellbarer Laufgenauigkeit wäre nämlich bei der Schnelligkeit eines elektrischen Signals viel zu grob, um damit genaue Messungen anstellen zu können. Deshalb befinden sich in allen, dem GPS-System angehörigen Satelliten, hochgenaue Uhren, die auf der Basis einer Atomuhr arbeiten. Ihre Genauigkeit ist unvorstellbar, die Abweichung beträgt – rein rechnerisch – eine Sekunde pro 30 000 Jahre.

Freilich, mit der Entfernung des Schiffes zum Satelliten allein kann unser Bordempfänger noch nicht viel ausrechnen. Es ist weiter notwendig, die genaue Position des Satelliten zu kennen. Der GPS-Bordempfänger erfährt die genaue Position des Satelliten für jeden Bruchteil einer Sekunde, weil ihm täglich von den Satelliten des GPS-Systems ihre genauen Bahndaten vermittelt werden, so daß der GPS-Empfänger für den Zeitpunkt der Messung deren Position präzise (metergenau!) errechnen kann.

Damit hat, ohne daß der Navigator von dieser internen Rechnerei etwas mitbekommt, der GPS-Empfänger schon alle Hilfsmittel beisammen, um eine *Standlinie* zu errechnen. »Standlinie« ist der wichtigste Begriff in der gesamten Navigation. Eine Standlinie ist ganz einfach die Linie, auf der sich ein Schiff befindet. Eine Standlinie kann eine Gerade (Kompaßpeilung!), eine unregelmäßig gekrümmte Linie (Tiefenmessung) oder aber auch ein Kreis sein. Es bedarf nur wenig plastischen Vorstellungsvermögens, um festzustellen, daß bei bekannter Entfernung zu einem bestimmten Punkt (Position des Satelliten) die Standlinie ein Kreis ist, der irgendwo über die Erdoberfläche verläuft.

Wenn wir ganz präzise sein wollten, dann müßten wir bei der Satellitennavigation nicht von einer

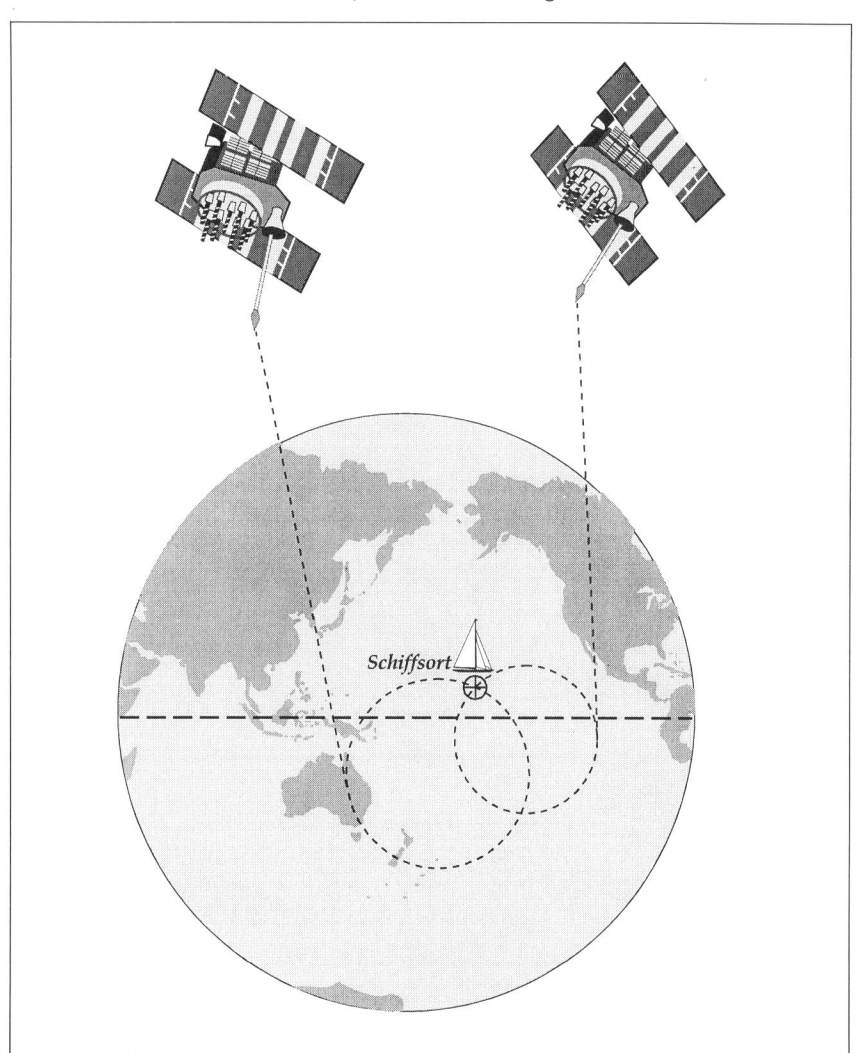

Abb. 4: Wie bei der Astronavigation ergeben sich GPS-Positionen aus dem Schnittpunkt zweier Standlinienkreise.

Stand-»Linie« sprechen, sondern von einer Stand-»Fläche«. Denn bei bekannter Entfernung zu einem Satelliten irgendwo im Weltraum könnte sich – theoretisch – das Schiff auf allen Punkten befinden, die die gleiche Entfernung zum Satelliten haben, auf einer Kugeloberfläche also. Dies ist bei der Satellitennavigation deshalb so wichtig, weil das System so genau ist, daß es nicht nur die geografische Position fast metergenau errechnen kann, sondern auch die Höhe eines Objektes über der Meeresoberfläche. Deshalb kann in der Fliegerei am Satellitenempfänger auch die Höhe (auf 300 Fuß genau) abgelesen werden.

In der Seefahrt spielt dies keine Rolle, denn wir wissen von vorneherein, daß unsere Höhe »0«* ist, nachdem wir uns auf der Meeresoberfläche befinden. Wie wir gleich sehen werden, hat dies gegenüber der Fliegerei einen entscheidenden Vorteil: Wir benötigen einen Satelliten zur Navigation weniger, weil für uns, bei bekannter Höhe, ein zweidimensionaler Ort ausreicht.

Mit einem Stand-»Kreis« könnten wir in der Praxis wenig anfangen. Wir wüßten zwar exakt (auf wenige Meter genau), daß wir uns auf einem bestimmten Kreis befinden, ob wir uns aber insgesamt auf dem Teilstück dieses Kreises in Afrika, in Europa oder sonstwo befinden, könnten wir nicht sagen. Deshalb kommt unser Bordempfänger nur dann zu einem Schiffsort, wenn ihm ein weiterer Satellit und die mit seiner Hilfe gemessenen Entfernung zur Verfügung steht. Dann erhalten wir zwei Kreise, auf denen wir uns irgendwo befinden. Würden wir diese beiden Standlinienkreise in die Seekarte einzeichnen (was allerdings praktisch kaum möglich ist, dafür sind die Kreise zu groß), dann würden wir feststellen, daß die beiden Kreise sich in einem Punkt schneiden und unser genauer Schiffsort damit fixiert wäre.

Der Vollständigkeit halber muß auch hier darauf hingewiesen werden, daß sich zwei Kreise, anders als zwei Gerade, nicht nur einmal schneiden, sondern zweimal, wie jeder auf einer plumpen Skizze sofort feststellen kann. Theoretisch würden wir also aus der »Laufzeit«-Messung von zwei Satelliten keinen eindeutigen Schiffsort bekommen. Tatsächlich ist dies aber keine praktische Schwierigkeit, denn fast immer ist der zweite Schnittpunkt derart weit von unserem wirklichen Schiffsort entfernt, daß er von vornherein als abwegig (rechnerisch) ausgeschieden wird.

---

* Ganz genau »2« oder »3« Meter, je nach Antennenhöhe.

Trotzdem könnte es vorkommen, daß in seltenen Fällen beide Schnittpunkte so nah beisammen liegen, daß eindeutig nicht entschieden werden kann, welcher der beiden Schnittpunkte nun der wahre Schiffsort ist. Aber keine Angst, das wird in der Praxis nicht passieren, denn kein moderner GPS-Empfänger (unabhängig von seiner Preisklasse) würde zwei Satelliten, deren Laufzeitmessungen sich unter

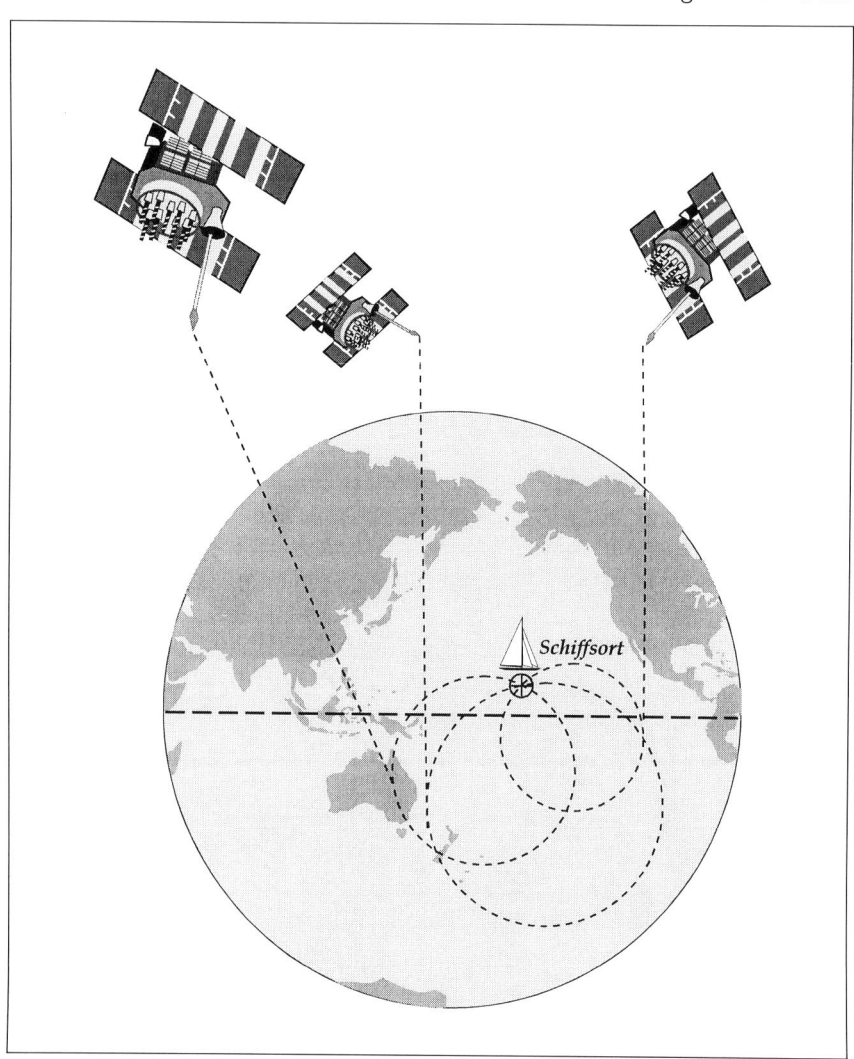

Abb. 5: Stehen drei Satelliten (neben dem »Uhrensatelliten«) zur Verfügung, so ergibt sich ein eindeutiger Schiffsort.

einem derart ungünstigen Winkel schneiden, akzeptieren. Er würde also von vorneherein zwei Satelliten, die sich in einer derartigen Konstellation befinden, nicht in seine Rechnung einbeziehen. Davon merkt der Navigator nichts, denn beim vollständig installierten GPS-System stehen rund um die Uhr weltweit immer so viele Satelliten zur Verfügung, daß keine Gefahr besteht, auf ungünstige Schnittwinkel zurückgreifen zu müssen.

Unter normalen Empfangsbedingungen wird diese Schwierigkeit ohnehin nicht zum Tragen kommen, weil regelmäßig ein weiterer Satellit zur Verfügung steht, so daß insgesamt drei Standlinienkreise zur Verfügung stehen. Schneiden sich also zwei Kreise noch in zwei Punkten, so daß theoretisch sich zwei Schiffsorte ergeben, so wird der Standlinienkreis des dritten Satelliten sich zwar logischerweise ebenfalls zweimal mit den beiden anderen Kreisen schneiden, aber nur ein einziger Schnittpunkt vorhanden sein, indem sich alle drei Kreise schneiden.

Bitte keinen Denkfehler machen: Für einen zweidimensionalen Ort sind drei Satelliten notwendig, nämlich zwei für je einen Standlinienkreis (die sich in zwei Punkten schneiden) und ein Satellit, der die Uhrzeit für die Messung liefert.

Für einen dreidimensionalen Ort sind drei Satelliten notwendig, die einen Schiffsort mit Hilfe ihres gemeinsamen Schnittpunktes bilden *und* ein weiterer Satellit, der die genaue Uhrzeit liefert.

Die meisten, nicht alle, Satellitenempfänger zeigen an, ob sie mit zwei- oder dreidimensionalen Orten arbeiten. Meist wird hierfür die Bezeichnung »2 D« oder »3 D« verwendet. Wenn ein GPS-Empfänger auch die Höhe anzeigt, dann hat er einen dreidimensionalen Ort berechnet.

Merke: In der Seefahrt ist es gleichgültig, ob zwei- oder dreidimensionale »Fixe« benutzt werden, wenn nur im Empfänger die Höhe auf »0 Meter« (oder besser auf Antennenhöhe, also zum Beispiel »2 Meter«) gestellt ist. In diesem Falle wird die Genauigkeit nicht wesentlich dadurch erhöht, daß ein dreidimensionaler GPS-Ort dem Empfänger angezeigt wird.

4. Was jeder Skipper über Navigation wissen muß

Leser, die sich schon längere Zeit mit Navigation beschäftigen, können die nächsten paar Seiten ruhig überschlagen. Denn was dort beschrieben wird, ist ganz elementare Navigation. Erfahrungsgemäß schadet es aber nicht, wenn gelegentlich die Grundkenntnisse wieder aufgefrischt werden, denn allzu leicht vergißt man, wie einfach die Zusammenhänge in der Navigation sind. Im Nachfolgenden beschreibe ich den gesamten Stoff, der meines Erachtens notwendig ist, um sich mit einem funktionierenden GPS überall auf der Welt zurechtzufinden. Denn die Einfachheit der GPS-Navigation wird sicher den einen oder anderen an die Navigation heranführen, der sich damit bisher noch nie befaßt hat, also auch nicht einmal über Grundkenntnisse verfügt.

Ob es ratsam ist, sich allerdings allein auf sein GPS zu verlassen, ist eine andere Frage. Ich übersehe nicht, daß es sicher Leser gibt, die keine große Lust haben, sich mit mehr zu beschäftigen, als man wissen muß, um den Weg mit einer Yacht über die Meere zu finden.

Es ist sicherlich nicht notwendig, daß wir uns allzuviele Gedanken machen, wie unser GPS-Empfänger die Position nach geographischer Länge und Breite berechnet. Wenn wir allerdings mit den Zahlen auf dem Display des GPS-Empfängers, die unsere Position beschreiben, nicht viel anfangen können, dann sollten wir lieber gar nicht auf ein Schiff gehen.

Gleichgültig, wo wir uns auf der Welt befinden, ob an Land oder auf See, unser genauer geographischer Ort, also unsere Position, läßt sich immer mit zwei Zahlengruppen festlegen. Die Landratte wird einen bestimmten Ort nach der Adresse, die üblicherweise aus der Stadt, der Straße und der Hausnummer besteht, finden. Wer hat es nicht schon erlebt, daß er irgendwo eingeladen wurde und ihm am Telefon eben die Adresse mitgeteilt wurde. Auf der Karte hat man sich sodann die Ortschaft gesucht, mit Hilfe der Pläne dann auch die Straße gefunden und schließlich an der richtigen Haustüre geläutet. Genauso sicher aber hätte jeder Navigator dorthin gefunden, wenn die Hausherren nicht die bürgerliche Adresse mitgeteilt hätten, sondern ganz einfach ihre Position mit Hilfe einer Längen- und Breitenangabe.

Eine vollständige »Adresse« besteht nämlich immer aus der geographischen Breite und der geographischen Länge. Sowohl die Länge als auch die Breite werden in Graden angegeben. Blicken wir auf die Landkarte, oder besser noch auf einen Globus, dann wird es uns mit unserem Schulwissen ein Leichtes sein, den Äquator zu finden. Der Äquator ist gleichzeitig Breitengrad Null. Alle anderen Breitengrade, also die waagrechten Ringe um die Erde, werden vom Äquator aus nach Norden, also in Richtung Nordpol, und nach Süden, also in Richtung Südpol, gezählt. Wir sollten uns merken, daß das Gradnetz um die Erde so eingeteilt ist, daß alle Breiten vom Äquator aus nach Norden in 90 Grad und ebenfalls vom Äquator aus nach Süden wiederum in 90 Grad eingeteilt sind. Um Verwechslungen vorzubeugen, zählen wir die Breitengrade vom Äquator aus nach Norden als 1 Grad Nord, 2 Grad Nord usw. Logisch ergibt sich daraus, daß der Nordpol mit dem 90. Breitengrad Nord und der Südpol mit dem 90. Grad Süd zusammenfällt.

Selbstverständlich wird auf der Karte oder dem Globus nicht jeder einzelne Breitengrad eingezeichnet, dies ergäbe ein viel zu enges Netz. Es reicht, daß jeder 10. oder 15. oder auch 20. Grad gezeichnet wird. Wenn wir später in Seekarten blicken, dann werden wir allerdings feststellen, daß je nach Maßstab auch einzelne Breitengrade gezeichnet sind, ja z. B. in Hafenplänen auch Bruchteile hiervon. Zum Grundwissen gehört auch, daß jeder Breitengrad in Breitenminuten unterteilt ist. Wenn wir keine Analphabeten sind, wissen wir sicher von der Schule noch, daß jeder Grad aus 60 Minuten besteht. Für eine Landratte ist dies wohl eine ungewöhnliche Unterteilung, doch wird weltweit in diesen Maßeinheiten navigiert.

Damit haben wir schon eine erheblich genauere Einteilung. Wir können somit die Breite jedes Ortes der Erde, z. B. mit 41 Grad 12 Minuten Nord angeben. Wir sollten uns hier gleich angewöhnen, die entsprechenden Abkürzungen zu verwenden. 41 Grad 12 Minuten Nord werden wie folgt geschrieben:

41° 12′ N

Es empfiehlt sich zu beachten, daß die Minuten immer zweistellig geschrieben werden. 41 Grad 8 Minuten sollten geschrieben werden:

41° 08′ N

Wenn wir auf die Anzeige unseres GPS-Gerätes blicken, dann werden wir feststellen, daß unser GPS so genau ist, daß es sich nicht etwa begnügt, nur die Breite in Grad und Minuten anzugeben. Denn wenn wir uns auf die Grade und nur die ganzen Minuten beschränken würden, dann würden wir die mögliche Genauigkeit des GPS-Systems gar nicht ausnützen. Wie lang ist ein Breitengrad, eine Breitenminute?

Möglicherweise haben wir uns weiter oben über die »krumme« Einteilung in 90 Graden und jeweils 60 Minuten gewundert. Doch werden wir gleich sehen, daß diese Einteilung sinnvoll ist. Ein Breitengrad besteht nämlich aus 60 Breitenminuten und jede Breitenminute ist eine Seemeile lang. Dies ist der Grund, warum weltweit nur mit Hilfe von »Seemeilen« navigiert wird und nicht etwa mit Hilfe von Kilometern. Damit wir uns trotzdem ungefähr vorstellen können, wie lang eine Breitenminute ist, erwähne ich zum letzten Mal:

1 Seemeile sind 1,85 Kilometer.

Daher kommt auch, daß Geschwindigkeiten in der Navigation, sei es in der Seenavigation oder auch in der Fliegerei, niemals in Kilometer pro Stunde angegeben werden, sondern eben in Knoten. Eine Geschwindigkeit von 6 Knoten entspricht einer Geschwindigkeit von 6 Seemeilen pro Stunde. Man gewöhne sich an, von »Seemeilen« oder »nautischen Meilen« zu sprechen, denn daneben wird noch von Landmeilen gesprochen, die nicht identisch sind mit einer Seemeile. Man benutze auch penibel den Ausdruck »Knoten«, denn »Meilen pro Stunde« sind nicht etwa Seemeilen pro Stunde, sondern Landmeilen (amerikanische Meilen pro Stunde). Eine Landmeile ist rund 10 Prozent kürzer als 1 Seemeile, nämlich genau 1609 Meter.

> 1 Breitenminute = 1 Seemeile
> 1 Knoten = 1 Seemeile pro Stunde

Ich habe absichtlich bis jetzt nur von Breitenminuten und von Breitengraden gesprochen, nicht aber von Längengraden. Haben wir eine Position in Breitengraden und -minuten angegeben, so hilft uns dies nicht viel weiter. Denn z. B. eine Breite von 41° 32′ N kann sich überall um die Welt befinden. Genaugenommen ist es ein Ring um die Erdkugel herum, parallel und oberhalb des Äquators.

Zur genauen Beschreibung eines Ortes gehört eine zweite Koordinate, nämlich die Längenkoordinate. Für das Koordinatensystem der Erde wurde hierzu eine Längeneinteilung gewählt, die aus insgesamt 360 Längengraden besteht. Wie wir an jedem Globus leicht ersehen können, verläuft die Längeneinteilung dergestalt, daß die sogenannten Meridiane von Pol zu Pol verlaufen, wobei sie jeweils die Breitenparallelen in einem rechten Winkel schneiden. Es leuchtet ein, daß ihr Abstand zueinander immer kleiner wird, je näher sie sich dem Pol nähern, bis sie sich dort in einem Punkt (nämlich dem Pol) treffen. Schon daraus sieht man, was noch eine große Rolle spielt, daß Längengrade nicht immer gleich lang sind. Je näher sie am Pol verlaufen, je kürzer werden sie.

Anders als die Breitengrade, die – wie gesagt – vom Äquator aus 90 mal polwärts gezählt werden, also 180 insgesamt gibt, haben wir es rund um die Erde mit 360 Längengraden zu tun.

Schon vor vielen hundert Jahren ist man übereingekommen, die Längengrade nicht von 0 bis 360 zu zählen, sondern von einem Anfangsmeridian aus nach beiden Seiten, also nach Osten und nach Westen. Längengrad Null verläuft exakt durch einen Vorort von London, nachdem er benannt ist. Es ist der Längengrad von Greenwich.

Hier handelt es sich um eine rein willkürliche Einteilung, zu denen sich die Seefahrtenationen vor langer Zeit entschlossen. Die Einteilung hat man bis heute beibehalten, so daß die Längengrade von Greenwich aus nach Osten oder Westen gezählt werden. Wenn wir es insgesamt mit 360 Längengraden zu tun haben, gibt es also nach Osten 180 Längengrade und nach Westen 180 Längengrade. Man spricht von einer östlichen oder westlichen Länge.

Die Unterteilung der einzelnen Längengrade besteht wiederum aus 60 Längenminuten.

Eine Längenkoordinate sieht also z. B. so aus:

$$22° \ 24' \ W$$

Man gewöhne sich gleich an, östliche Längenangaben nicht mit dem Buchstaben »O« zu versehen, sondern hierfür ein »E« zu verwenden. Der Buchstabe »O« würde nämlich irgendwann mit Sicherheit mit der Ziffer »0« verwechselt werden. Deshalb ist es guter Navigatoren-Brauch, hierfür den Buchstaben »E« zu verwenden, der die Abkürzung für das englische »East« darstellt. Eine östliche Länge von 22 Grad und 44 Minuten würde also geschrieben:

$$22° \ 44' \ E$$

Und jetzt das Wichtigste in der Navigation schlechthin:

> Jede Breitenminute ist genau 1 Seemeile lang, gleichgültig, wo auf der Welt wir uns befinden.
> 1 Längenminute ist niemals 1 Seemeile lang, außer wir befinden uns genau am Äquator.

Ein Blick auf den Globus verdeutlicht die Zusammenhänge. Nachdem die Meridiane in Polnähe zusammenlaufen müssen, um sich dort in einem einzigen Punkt zu treffen, werden polwärts die Längenminuten und Grade immer kürzer. Die Breitengrade und -minuten sind überall auf der Welt gleichlang.

Wir sollten uns deshalb merken, daß (außer am Äquator) Längengrade und -minuten immer kürzer sind als Breiten-Grade und -Minuten.

Wir dürfen uns nicht davon irritieren lassen, daß in Seekarten dieser Unterschied mit bloßem Auge gelegentlich gar nicht gesehen wird, ja, daß die Längengrade länger erscheinen als die Breitengrade. Dies hängt damit zusammen, daß die Erdoberfläche zeichnerisch verzerrt werden mußte, um aus der dreidimensionalen Kugelform eine Fläche zu machen. Wir brauchen uns um diese Kartenkonstruktion nicht zu kümmern, denn für die praktische Navigation hat sie keine Bedeutung. Wichtig jedoch ist nur ein Punkt: Wir können aus der Karte Entfernungen jederzeit mit Hilfe der Breiteneinteilung entnehmen (siehe Abb. F1 u. F2), denn ohne Wenn und Aber gilt:

> 1 Breitenminute = 1 Seemeile und ein Breitengrad = 60 Seemeilen lang.

Als Navigator gewöhne man sich an, die Entfernungen aus der Karte mit Hilfe der Breiteneinteilung zu entnehmen. Zwar finden wir in Seekarten auch einen Maßstab, mit dessen Hilfe wir Entfernungen in den Zirkel nehmen können, doch seemännischer ist es, den Zirkel am rechten oder am linken Kartenrand zur Entfernungsmessung einzusetzen. Den Anfänger in der Navigation erkennt man, wenn er in der Seekarte nach einem Maßstab sucht.

Niemals, wirklich nie, dürfen Entfernungen am oberen oder am unteren Kartenrand abgegriffen werden, denn hierbei handelt es sich um die Längeneinteilung. Daß dies auch nicht versehentlich passiert, gewöhne man sich an, nie mehrere Karten übereinander auf dem Kartentisch zu benutzen, denn allzu leicht besteht die Gefahr, zur Entfernungsmessung aus Versehen auf eine darunter liegende Karte zurückzugreifen, bei der dann die Breiteneinteilung mit der Seekarte nicht übereinstimmt oder bei der man gar, wenn sie querliegt, die Längeneinteilung erwischen könnte. Der Autor spricht hier aus eigener leidvoller Erfahrung, denn genau diesen Fehler hat er selbst vor vielen Jahren gemacht.

Mit Hilfe der geografischen Breite und der geografischen Länge kann somit jeder Ort auf der Welt unzweideutig definiert werden.

Es ist gute Seemannschaft, Breiten- und Längenangaben untereinander zu schreiben und hierbei immer zuerst die Breitenangabe zu verwenden.
Die Position von Marmaris/Türkei beispielsweise wird dann wie folgt geschrieben:

36° 50′ N

26° 16′ E

Aber wurde nicht schon immer davon geschwärmt, wie genau GPS sei, daß man seine Schiffsposition auf 10 oder 20 m genau bestimmen könne? Die Positionsangaben 40° 21′ N und 40° 22′ N liegen ja schon eine Seemeile auseinander, denn wir haben gehört, daß eine Breitenminute exakt 1 Seemeile ist. Eine Genauigkeit von 1 Seemeile war zwar zu Zeiten der astronomischen Navigation sensationell, entspricht aber bei weitem nicht der Leistungsfähigkeit der Satelliten im GPS-System. Dort erwartet man Genauigkeit in der Größenordnung von einigen hundertstel Meilen. Deshalb sollte man bei der GPS-Navigation die Koordinaten nicht auf ganze Breiten-und Längenminuten angeben, sondern auch die zehntel und hundertstel Meilen. Eine GPS-Position würde also so aussehen:

40° 22,32′ N

12° 24,68′ E

Wer noch Schwierigkeiten hat, sich mit Dezimalminuten anzufreunden, stolpert vielleicht über die »…,68′«. Das ist schon richtig, denn im Dezimalsystem wird bis 100 gezählt und nicht nur bis 60 wie bei den ganzen Minuten.
Der eine oder der andere der sich daraufhin sein GPS-Gerät schon betrachtet hat, wird feststellen, daß die Werte, die der GPS-Empfänger ausspuckt, anders aussehen, also z. B.:

40° 22′ 24″ E

Letztgenannte Schreibweise ist ebenso richtig, denn konsequent werden die Minuten – so wie die Grade – in 60 Sekunden eingeteilt. 30 Sekunden einer Koordinate entsprechen exakt dem Dezimalanteil »,50«.
Obgleich die Angabe in Sekunden zunächst einmal logischer scheint, rate ich dennoch dringend dazu, die Koordinaten nicht mit den Sekunden, sondern mit dem Dezimalanteil zu versehen. Und zwar aus einem praktischen Grund:
Nahezu alle Seekarten der Welt, ausgenommen vielleicht Hafenpläne, haben rechts und links am Kartenrand, also dort, wo nur die Distanz in Seemeilen entnommen wird, eine Dezimaleinteilung. Das ist logisch, denn Seemeilen werden immer in zehntel Seemeilen (das ist eine Kabellänge) und in hundertstel Seemeilen angege-

ben. Auf Hafenplänen mit ihrem riesigen Maßstab findet man allerdings auch gelegentlich Einteilungen in Breitensekunden und Längensekunden. Im übrigen wird seit Jahrzehnten weltweit in der Navigation mit Dezimalminuten gearbeitet. Auch in den meisten nautischen Veröffentlichungen (Leuchtfeuerverzeichnisse) finden sich die Positionsangaben ungleich viel häufiger in Dezimalminuten als in Sekunden.

Trotzdem will ich niemand dazu überreden, sich meiner Meinung zu beugen. In jedem Fall aber ist es wichtig, daß man ein für alle Mal sein »eigenes« System beibehält.

Der eine oder andere mag nun sagen, daß er sich eben nach seinem GPS-Empfänger richtet. Fast immer ist dies ein schlechtes Argument. Denn unsere GPS-Empfänger sind nahezu ausnahmslos in der Lage, die Koordinaten in verschiedenen Formaten, also sowohl in Dezimalminuten als auch in Sekunden anzuzeigen. Fast alle GPS-Empfänger haben hierzu eine »Set-up«-Möglichkeit, also ein Menü für die Grundeinstellungen. Damit ist es möglich, die Formate für die Koordinaten einzustellen. Im gleichen Menü wird man meistens auch die Möglichkeit finden, statt der nautischen Meilen Kilometer einzustellen. Das gleiche gilt für die Geschwindigkeiten, wo meist vorgesehen ist, sowohl Knoten, als auch Meilen pro Stunde, als auch Kilometer pro Stunde auf dem Anzeigefeld des GPS-Empfängers anzuzeigen. Daß der Skipper auch hier die Anzeige in nautischen Meilen und Knoten für einen Schiffsbetrieb erhält, ist selbstverständlich.

Wenn mein GPS-Gerät es auch zuläßt, bei den Koordinaten eine zwei oder dreistellige Zahl hinter dem Komma anzuzeigen, so würde ich persönlich die zweistellige Anzeige vorziehen, weil die dritte Stelle nur eine Genauigkeit vortäuscht, die nun wirklich auch unter besten Bedingungen mit einem normalen GPS-Empfänger nicht zu erreichen ist. Wie gesagt: eine zehntel Seemeile = 185 m, eine hundertstel Seemeile dementsprechend 18,5 m. Der Vorteil der zweistelligen Anzeige besteht darin, daß die Gesamtzahl übersichtlicher ist, Übertragungsfehler damit eher ausgeschlossen werden.

Empfehlung für die Grundeinstellung des GPS-Gerätes:

– Geschwindigkeit in Knoten,
– Koordinaten in Grad, Minuten und zehntel Minuten,
– Minuten zwei Stellen hinter dem Komma.

5. Die Seekarte

Im Zeitalter der GPS-Navigation hat die Seekarte in erster Linie »nur« noch die Bedeutung, dem Skipper den Weg zum Ziel zu zeigen, ohne daß seine Yacht Gefahr läuft, zu stranden, oder in verbotene Gebiete einzulaufen. Dementsprechend ist es wichtig, daß die erforderlichen Karten an Bord sind. Vor einigen Jahren wäre ein derartiger Hinweis noch als lächerlich angesehen worden, doch heute ist er notwendig. Gleichgültig, ob ein einfaches GPS-Gerät oder ein modernes, teures Gerät verwendet wird, ist es notwendig, immer die für das betreffende Gebiet geltende Seekarte an Bord zu haben. Nach wie vor gilt, daß jede Technik versagen kann, so daß eine Yacht ohne entsprechende Seekarte sich in diesem Moment in Gefahr befinden würde. Ist zumindest eine Seekarte an Bord, so wird sich der Skipper ohne GPS irgendwie weiterhelfen können. Eine sichere Navigation ist nämlich überhaupt erst dann möglich, wenn zum GPS-Empfänger die entsprechende Seekarte vorhanden ist.
Es ist nicht notwendig, die Bedeutung aller Eintragungen in der Seekarte auswendig zu kennen. Selbst wenn sich ein Skipper auf deutschen Seekarten bestens auskennen würde, so würde er in Kroatien oder in der Türkei, wenn er empfehlenswerterweise die Landeskarten benutzt, wieder neue, ihm fremde Symbole kennenlernen. Dies gilt auch dann, wenn die neuesten Karten mit internationalen Bezeichnungen verwendet werden. Gleichgültig welche Karte er benutzt, es wird immer eine Veröffentlichung dazu geben, indem, je nach Land, die Symbole in der Seekarte erklärt werden. Es wäre töricht, beispielsweise die Bedeutung der Tiefenlinien auswendig zu lernen, wenn sie ohne weiteres nachgeschlagen werden können. Für deutsche Seekarten ist dies die Veröffentlichung »INT 1«. Wenn also mit deutschen Seekarten navigiert wird, muß selbstverständlich die INT 1 ebenfalls an Bord sein.
Dem Anfänger wird dringend geraten, alle Karten für das betreffende Fahrtengebiet, also auch alle Übersegler und Hafenpläne an Bord mitzuführen. Sicherlich ist das meist teuer, doch kann es sich der noch nicht ganz so erfahrene Skipper nicht leisten, nur deshalb mentale Unsicherheiten in die Navigation

zu bringen, weil er durch fehlende Seekarten verunsichert wird. Solange die Sonne scheint und an Bord die Stimmung gut ist, wird es ihn nicht irritieren, wenn er sich bei der Törnvorbereitung den einen oder anderen Hafenplan erspart hat. Wenn es aber stürmisch und der Umgangston an Bord gereizt ist, dann ist der Skipper für gewöhnlich leicht zu verunsichern, wenn er sich Gedanken darüber machen muß, ob die nautische Vorbereitung seines Törns vielleicht Lücken hat.

Es wird jedem einleuchten, daß GPS-Navigation nur dann möglich ist, wenn die vom GPS-Empfänger erhaltene Position verwertet werden kann. Andererseits besitzt jedes GPS-Gerät, auch die preiswertesten, die Möglichkeit, Wegpunkte in das Gerät einzutippen, so daß das GPS-Gerät auch jeden beliebigen Kurs zu jedem beliebigen Ort anzeigen kann. »Wegpunkte« sind nämlich nichts anderes als irgendwelche Positionen, die für den beabsichtigten Törn bedeutsam werden können. Deshalb ist eine GPS-Navigation in der Praxis nur dann möglich, wenn der Navigator zumindest in der Lage ist, sowohl Positionen in die Seekarte einzuzeichnen, als auch die Koordinaten von bestimmten Punkten (Leuchttürme, Huks, Wracks, oder anderen Ansteuerungspunkten) herauszumessen. Die übrige nautische Arbeit wird uns das GPS-Gerät weitgehend abnehmen. Ein paar Grundfertigkeiten jedoch muß der Navigator selbst mitbringen.

6. Rausmessen einer Position aus der Seekarte

Notwendig ist hierzu ein Navigationswerkzeug, daß sich ohnehin in jeder Kartenecke befinden muß, der Kartenzirkel. Bitte keinen Stechzirkel aus dem Rechenunterricht in der Grundschule benutzen! Die in die Karte damit eingestochenen Löcher sehen nicht gut aus und die Zirkelschenkel verstellen sich leicht. Außerdem rollt der Zirkel bei Krängung zu leicht vom Kartentisch oder wird gar ein gefährliches Instrument, wenn er beim Überlegen der Yacht vom Tisch nach Lee fliegt. Und außerdem: Am Stechzirkel erkennt man den Anfänger.

Um eine Position aus der Karte herauszumessen, wird der Zirkel im betreffenden Punkt auf der Karte leicht eingestochen und die kürzeste Entfernung zum unteren oder oberen Kartenrand in den Zirkel genommen.

Anschließend kann der Zirkel dann am rechten oder linken Kartenrand angelegt werden und an der Skalierung am rechten oder linken Kartenrand kann danach unmittelbar die Breite abgelesen werden. Spätestens jetzt zeigt sich, daß es empfehlenswert ist, mit Zehntelminuten zu rechnen, denn fast immer wird der Skipper am rechten oder linken Rand eine Dezimaleinteilung der Breitenminuten vorfinden (wenn nicht gerade ein Hafenplan benutzt wird).

In gleicher Weise wird mit der Längenkoordinate verfahren, so daß kein weiteres Werkzeug zum Herausmessen einer Position als eben der Kartenzirkel notwendig ist (siehe Abb. F 3 bis F 6).

7. Einzeichnen einer Position

Dies ist wohl die wichtigste Arbeit in der Seekarte. Solange die genaue Schiffsposition nur auf der Anzeige des GPS-Gerätes steht, kann der Skipper genaugenommen keine nautische Entscheidung treffen. Die Seekarte wird nur dann vielsagend, wenn sie auch die Schiffsposition enthält. Man hüte sich davor, etwa auf das Einzeichnen der Position in der Seekarte zu verzichten, und z. B. nur »im Geiste« die Position in die Seekarte zu übertragen. Es mag zuhause am Schreibtisch wunderbar funktionieren, doch es ist etwas ganz anderes, wenn der Skipper kurz vor der Seekrankheit steht, etwas nervös ist, oder unverhofft in schlechtes Wetter geraten ist (siehe Abb. F 7 bis F 12).

> Die Position aus dem GPS-Gerät muß in kurzen Abständen in die Seekarte eingezeichnet werden.

Es reicht auch nicht aus, unterwegs ganz gelegentlich eine Position in die Seekarte einzuzeichnen. Dies muß in kurzen Abständen erfolgen, weil der Navigator nur so ein Bild vom Törnverlauf erhält und insbesondere nur so Fehler beim Übertragen der Position mit Sicherheit ausgeschlossen werden können. Trotz der wenigen Jahre, die GPS nunmehr weltweit im Einsatz auf Yachten ist, haben sich schon einige Schiffbrüche nur deshalb ereignet, weil die Skipper der später gestrandeten Yachten blind auf die Zahlen der GPS-Anzeige vertraut haben und so nicht merkten, daß sie gefährlich seitwärts durch den Strom versetzt wurden. Sie waren ganz einfach nicht in der Lage, die GPS-Position geistig in die Seekarte zu projizieren.

Zum Einzeichnen einer Position in die Seekarte bedarf es eines weiteren, höchst einfachen Werkzeuges. Üblicherweise reicht ein Kartendreieck aus, genausogut kann auch ein Parallellineal oder ähnliches Werkzeug für die Kartenarbeit verwendet werden. Wichtig ist nur, daß man in der Lage ist, eine exakt breitenparallele Linie von einer bestimmten Breite quer durch die Karte zu ziehen. Das Kartendreieck wird also rechts oder links bei der betreffenden Breite, die in der Karte eingezeichnet werden soll, angelegt und sowohl am Kartenrand als auch auf gleicher Breite ungefähr in der Gegend der Position ein kurzer Bleistiftstrich eingezeichnet.

Damit ist die Breitenkoordinate in der Karte. Die Längenkoordinate wird am oberen oder am unteren Kartenrand wiederum in den Zirkel genommen, der Zirkel sodann an der markierten Stelle der betreffenden Breite eingesetzt und der andere Schenkel dann an dem kurzen Bleistiftstrich eingedrückt. Anschließend zeichnet man ein kleines Kreuz am Druckpunkt des Zirkels und einen kleinen Kreis herum. Der kleine Kreis bedeutet, daß es sich um ein »Fix«, also um eine gesicherte Schiffsposition handelt. Würde man, wie in früheren Jahren, den Schiffsort lediglich schätzen (»gissen«), bliebe es bei einem kleinen Kreuz.

Kreuz oder Kreis allerdings reichen nicht, um den Schiffsort genügend zu bezeichnen. Unerläßlich ist auch, daß gleichzeitig in die Karte der genaue Zeitpunkt eingetragen wird. Nur so bekommt der Skipper eine Idee vom Törnverlauf, außerdem kann später der Törn exakt und mühelos rekonstruiert werden.

> Zusammenfassung:
> 1. Es muß sich eine Seekarte an Bord befinden.
> 2. Die dazugehörige Erklärungsbroschüre (bei deutschen Seekarten: INT 1) muß an Bord sein.
> 3. Der Navigator muß in der Lage sein:
>   a) in der Seekarte Entfernungen zu messen,
>   b) Positionen aus der Karte herauszumessen,
>   c) Positionen in die Karte einzuzeichnen.
>
> Andernfalls fehlen die Voraussetzungen für eine GPS-Navigation.

8. Erstes Einschalten des GPS-Empfängers

Die Bedienung aller GPS-Geräte ist kinderleicht, soweit es nur um die Anzeige der Elementarfunktionen geht, also Position, Geschwindigkeit und Kurs. Es versteht sich von selbst, daß die entsprechende Stromversorgung vor dem Einschalten gesichert ist. Wird das Gerät mit eingelegten Batterien betrieben, so wähle man nur Batterien vom Typ Alkali. Besonders beim ersten Einschalten ist es wichtig, daß man frische Batterien nimmt.

Die Initialisierung eines GPS-Gerätes kann bis zu einer Stunde dauern. Erleichtert kann sie dadurch werden, daß von Hand der ungefähre, ganz grobe Standort eingegeben wird. Alle in der Seefahrt gebräuchlichen GPS-Geräte haben aber gemein, daß sie, wenn sie einmal den richtigen Standort anzeigen, mindestens alle fünf Sekunden »updaten«, also den aktuellen Standort feststellen.

Für die erste Inbetriebnahme (»Kaltstart«) eines GPS-Empfängers sollte ein idealer Standort ausgesucht werden. Die Antenne darf nicht abgedeckt sein, besser

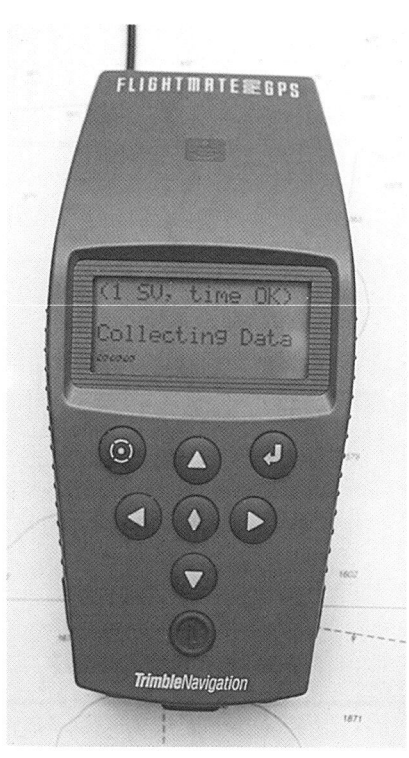

Abb. 6: Die Zeit hat dieses Gerät bereits vom Satelliten empfangen. Nun mißt es drei Satelliten ein, wie die drei Zeichen in der dritten Zeile links zeigen.

noch, sie hat einen 360-Grad-Rundumblick zu Himmel und Horizont. Wenn es dann zu lange dauert, bis die Postion des Standortes angezeigt wird, so trägt die Schuld jedenfalls nicht der Antennen-Standort. In diesem Fall gibt auch ein Blick in die Status-Information einen Überblick, ob der Empfänger nun schon Satelliten »eingefangen« hat. Wenn ja, dann wird die erste Position nicht mehr lange auf sich warten lassen.

Ist der GPS-Empfänger einmal initialisiert, so braucht er die unter Umständen zeitaufwendige Prozedur beim nächsten Einschalten nicht mehr durchzumachen. Denn er wird ja, selbst wenn nur einmal pro Tag aus Stromspargründen der Empfänger eingeschaltet wird, ebenfalls einen Standort haben, der genauer ist als 200 sm.

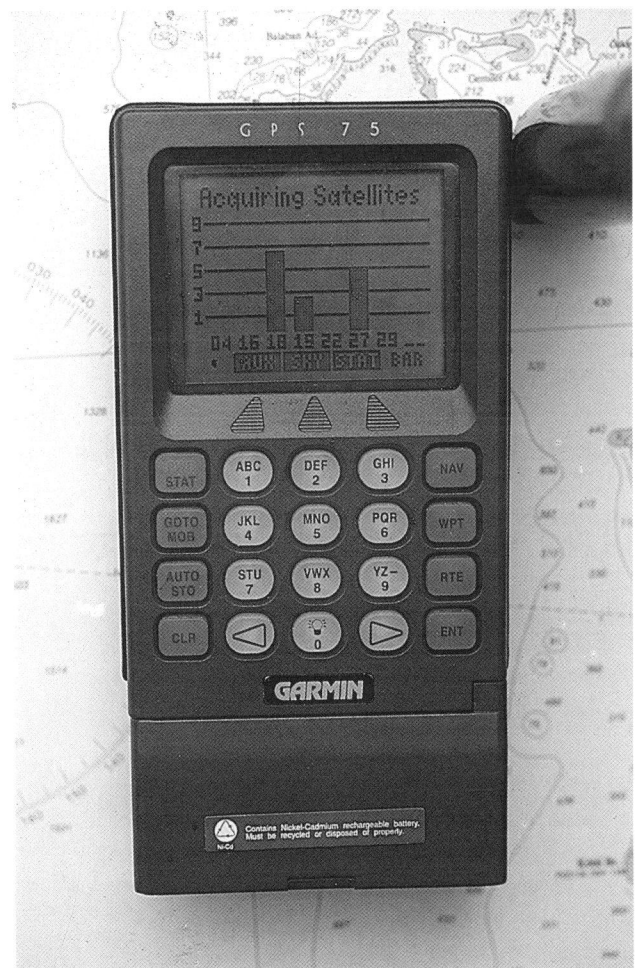

Abb. 7: Der GPS 75 der Firma Garmin zeigt sehr plastisch die Feldstärken der von den Satelliten ankommenden Funksignale an. Drei Satelliten kommen leidlich rein. Für eine zweidimensionale Position müßte es reichen, doch ist die Antennenposition offensichtlich nicht ideal.

9. Die verschiedenen GPS-Empfänger-Typen

Der Markt an GPS-Empfängern ist inzwischen unübersichtlich geworden. Mußten für die ersten zivilen GPS-Empfänger noch Preise von 10000 DM bis 100000 DM bezahlt werden, so werden in ganz naher Zukunft 1000 DM die obere Schallgrenze sein. Bereits heute gibt es eine Reihe von Empfängern, die weniger als 1000 DM kosten. Dies ist ein hoher Beitrag zur Sicherheit. Kein Navigator kann sich mehr auf einen unverhältnismäßig hohen Anschaffungspreis eines GPS-Empfängers hinausreden. So wird GPS, wie einst der Peilkompaß, zum Standard-Navigationsinstrument.

Was aber unterscheidet in technischer Hinsicht die verschiedenen Empfängertypen?

Die Mehrkanal-Empfänger besitzen fünf oder mehr Kanäle. Auf jedem dieser Kanäle wird permanent ein Satellit verfolgt. Es handelt sich also genau genommen um mehrere Empfänger in einem Gehäuse. Die Mehrkanal-Empfänger haben die aufwendigste Technik, sie bieten aber auch beste Leistungen bei entsprechend hohem Stromverbrauch. Dieser erhöhte technische Aufwand zahlt sich allerdings erst bei sehr schnellen Fahrzeugen aus, mag also beim Betrieb auf Schiffen »übertrieben« sein, schadet aber auch nicht.

Die Multiplexempfänger verfügen nur über einen Kanal, der in sehr schneller Folge mehrere Satelliten anpeilt. Für jeden Satelliten stehen vier Millisekunden zur Messung zur Verfügung. Die Empfangsleistung liegt unter der eines Mehrkanalempfängers.

Ein sequenzieller Empfänger verfügt über ein oder zwei Kanäle, auf denen vergleichsweise langsam die verschiedenen Satelliten solange abgefragt werden, bis die notwendigen Informationen übermittelt sind. Sein Nachteil ist die langsame Aktualisierungsgeschwindigkeit.

Alle diese genannten Eigenschaften spielen jedoch in der Bordpraxis auf einem Schiff keine Rolle. Ja es ist sogar so, daß von außen, also ohne das Innenleben eines Empfängers zu kennen, im Schiffsbetrieb gar nicht festgestellt werden kann, mit welchem Empfänger hier gearbeitet wird. Schließlich ist es in der Bordpraxis gleichgültig, wenn auf einer Yacht die aktuelle Position in Bruchteilen von Sekunden aktualisiert oder nur jede volle Sekunde angezeigt wird.

Aber welches Gerät ist nun das genaueste?

Auch wenn ich Besitzer einiger sehr teurer GPS-Empfänger enttäuschen muß: Unabhängig vom Gerät ist der Unterschied in der Präzision gleich null. Dies läßt sich mit einem Meterstab vergleichen. Es gibt keine »guten« und »schlechten« Meterstäbe, alle werden 1 m mit 100 cm messen. Gleiches gilt für GPS-Empfänger. Unabhängig aus welcher Preisklasse er stammt, er wird ein Ergebnis zeigen, das bis auf die zweite Stelle hinter dem Komma mit dem Ergebnis eines extrem preiswerten Empfängers übereinstimmt. Gleiches gilt für die Geschwindigkeit. Somit unterscheiden sich die GPS-Empfänger auf dem Markt nicht bezüglich ihrer Genauigkeit, praktisch auch nicht in ihrer Aktualisierungsgeschwindigkeit, sondern in ihrer Ausstattung, der Handlichkeit, dem Stromverbrauch, und schließlich im Preis.

> Alle GPS-Empfänger sind gleich genau. Es gibt kein besonders genaues oder ungenaues Gerät.

Zusatzfunktionen

Nachdem alle GPS-Empfänger auf dem Markt die Grundbedürfnisse eines Navigators erfüllen, also die Positionsbestimmung, Kurs und Entfernung zum Ziel fortlaufend angeben (GOTO-Funktion), können die Gerätehersteller die Qualität ihres Produktes nur dadurch steigern oder zumindest unterstreichen, indem sie in das GPS-Gerät ein Mehr an Zusatzfunktionen hineinpacken. Wegen der leider üblichen Mehrfachbelegung der Tasten und der Kleinheit der Mikro-Chips ist dies kein besonderes technisches Problem. Man fragt nur: Ist das sinnvoll?

Einige dieser Funktionen sind extrem wichtig (wie CDI, siehe Seite 87), andere eine Hilfe, wenige nützen nicht und verwirren nur. Die wichtigste Ausstattung in diesem Zusammenhang ist wohl ein Datenausgang (serielle Schnittstelle), denn dann läßt sich ein vorhandenes, vielleicht spärlich ausgerüstetes Gerät jederzeit mit einem Computer und entsprechender Software fast unbegrenzt aufbessern.

Mann-über-Bord-Taste

Die eigentlich für den Notfall »Mann-über-Bord« (MOB) vorgesehene Zusatzfunktion ist nichts anderes als die Möglichkeit, die derzeitige Position, eventuell also den Unfallort, abzuspeichern (manche Hersteller sprechen auch von »SAVE« oder »DUMPING«) und diesen so erzeugten neuen Wegpunkt sofort automatisch zum nächsten Ziel zu machen. Ab da sollte ohne weiteres Tastendrükken Kurs und Entfernung zur Unfallstelle fortlaufend angezeigt werden.

Dies ist die wichtigste Zusatzfunktion, kann sie doch im Ernstfall Leben retten. Denn auf hoher See läßt sich ja optisch die Stelle an der ein Mann über Bord gegangen ist, nur dadurch markieren, daß irgendwelche schwimmende Gegenstände (Rettungsring, Markierungsboje, Rettungswesten etc) so schnell wie möglich über Bord geworfen werden, die allerdings ihrerseits mit dem Wind abtreiben. Hier verbessert ein schneller Druck auf die Mann-über-Bord-Taste (die nicht mehrfach belegt sein sollte) die Überlebenschancen des Verunglückten erheblich.

Die Mann-über-Bord-Funktion läßt sich nicht nur im Notfall, sondern auch bei anderen Gelegenheiten nützen. Man denke an einen Sturm und die Yacht befindet sich auf Legerwall, ist also in Gefahr, in Richtung Küste abgetrieben zu werden. Auch hier kann mit der MOB-Funktion plastisch überprüft und kontrolliert werden, ob die Yacht nun weiter auf die gefährliche Küste zugetrieben wird, ob es ihr gelingt, sich etwa freizukreuzen oder ob die mitlaufende Maschine hierfür einen Vorteil bringt.

Ankeralarm

Ob es sich hier lediglich um eine Spielerei handelt oder wirklich nützt, mag jeder selbst entscheiden. Liegt eine Yacht in einem engen Feld von Ankerlieger, ist der Meeresgrund gar noch steil abschüssig, so bringt ein GPS-gesteuerter Ankeralarm gar nichts. Denn die Streuungen von GPS-Messungen erreichen während einer Nacht leicht 200 m, so daß entweder der Alarm dauernd auslöst oder er so unempfindlich eingestellt werden müßte, daß er erst dann anschlägt, wenn die Yacht ohnehin schon durchs Bojenfeld getrieben ist.

Sinnvoll erscheint der Ankeralarm nur in seltenen Fällen, wo also weit vor der Küste die Yacht verankert ist.

Protokollfunktion

Nicht zur Navigation, sondern zur Dokumentation eines Törnverlaufs eignet sich die Fähigkeit einiger GPS-Empfänger, eine größere Anzahl von Positionen automatisch in einstellbaren Zeitabständen abzuspeichern. Besteht die Möglichkeit, diese Punkte später mit Zeit- und Geschwindigkeitsangaben auszudrucken oder zumindest anzuzeigen, erhält man einen plastischeren Eindruck vom Törnverlauf, als es das sorgsamst geführte Logbuch tun könnte.

Routing-Speicher

Eine Reihe von Empfänger erlaubt es, 10 oder 20 Wegpunkte in einer bestimmten Reihenfolge als »Routing« abzuspeichern und diese Wegpunkte automatisch der Reihe nach als neue Ziel-Wegpunkte aufzurufen. Bei einigen GPS-Geräten mit beschränkten Anzeigemöglichkeiten und Vielfachbelegungen der Tasten eine eher verwirrende Spielerei. Es schadet andererseits nicht, wenn ein Gerät eine komplette Törnplanung abspeichern kann.

Simulator-Modus

Er hat nichts mit GPS-Navigation zu tun, ist aber eine durchaus nützliche Zusatzfunktion einiger GPS-Geräte. Der »Nachteil« jedes GPS-Empfängers ist ja, daß er daheim im Büro wegen der Abschattung der Antenne gar keine oder am Ankerplatz immer die gleiche Anzeige auf dem Display hat, also Position, irgend einen Kurs und eine Geschwindigkeitsanzeige von »0 Knoten« (theoretisch, denn meistens wird eine niedrige Geschwindigkeit angezeigt). Realitätsnahe Erprobung oder Übung ist mit einem solchen Gerät nicht möglich, was zur Folge hat, daß man den Empfänger und seine zahlreichen Möglichkeiten erst unterwegs, also im Ernstfall erlebt.

Abb. 8: Ein GPS-Gerät, kombiniert mit einem UKW-Gerät. Eignet sich auch hervorragend als Retter in der Not, wenn es – wasserdicht verpackt – in die Rettungsinsel gepackt wird.

43

Verfügt das GPS-Gerät über einen Simulator-Modus, auf dem das Gerät scheinbar entlangsegelt, können Geschwindigkeit und Kurs nach Belieben eingestellt werden. Das heißt, die Position ändert sich – wie im Ernstfall – laufend, die Entfernung zum eingestellten Wegpunkt wird kleiner, falls der richtige Kurs angewählt worden ist. Damit kann am Schreibtisch das Absegeln von Wegpunkten, aber auch der Umgang mit dem Kursabweichungs-Anzeiger (CDI) geübt werden. Somit eine nützliche Funktion. Aber Achtung: Man gewöhne sich an, nach *jedem* Arbeiten mit dem Simulator-Modus diesen abzuschalten. Die Gefahr ist riesengroß, daß dieser an Bord immer noch eingestellt ist, ohne daß es der Navigator bemerkt. Irgendeine Warnflagge in der Anzeige fehlt nämlich bei fast allen Geräten. Daß die dann angezeigten Positionen reine Phantasiewerte darstellen, kann in der Praxis äußerst gefährlich werden.

Handlichkeit

Es wird jedem bereits aufgefallen sein, daß GPS-Empfänger ähnlich wie alle elektronischen Geräte immer kleiner und kompakter werden. Letztlich wird ihre Größe durch die Übersichtlichkeit des Tastenfeldes und der Anzeige begrenzt. Eindeutig geht der Trend zum tragbaren Gerät. Dies bedeutet aber auch, daß für das Tastenfeld wenig Platz zur Verfügung steht. Die Hersteller vertreten eine andere Meinung, doch zeigt die Bordpraxis, daß Geräte mit wenig Tasten, die also übersichtlich wirken, komplizierter zu bedienen sind als GPS-Geräte mit zahlreichen Tasten. Das leuchtet auch ein, denn letztlich ist es doch einfacher, auf einen Knopf »STATUSBERICHT« zu drücken, als mehrere Menüs mit unbeschrifteten Tasten zu durchblättern, um dann die gewünschte Funktion im dritten Untermenü endlich zu finden. Besitzer solcher Geräte sollten häufig mit dem GPS-Empfänger üben, um ihn unterwegs dann auch ohne langes Blättern in der Gebrauchsanweisung benutzen zu können.

Die Ablesbarkeit des Displays moderner GPS-Geräte ist meistens gut gelöst. Große Ziffern sind übersichtlich. Fast alle Geräte haben eine Hintergrundbeleuchtung, die bei Dunkelheit weiterhilft. Aber Achtung: Bei eingeschalteter Hintergrundbeleuchtung ist der Stromverbrauch dann meist erheblich höher. Dies gilt auch für (Einbau-)Geräte, die mit LED-Dioden arbeiten, also ebenfalls zum Leuchten Strom ziehen. Bei direktem Sonnenlicht sind die Ziffern kaum bis gar nicht zu erkennen. Deshalb setzen sich die (meist grünlich schimmernden)

LCD-Displays durch, die gerade bei hellem Licht gut lesbar sind und eine Hintergrundbeleuchtung für schlechte Sichtverhältnisse zuschalten können.

Das Gewicht spielt heute für den Bordbetrieb keine Rolle mehr. Tragbare Geräte bringen nur noch ein paar hundert Gramm auf die Waage. Es wird demnächst Geräte geben, die wie eine Armbanduhr am Hangelenk getragen werden können.

Stromversorgung

Dieses frühere Problem ist heute kein Thema mehr. Alle GPS-Geräte arbeiten mit der üblichen Bordspannung von 12 Volt, manche sogar mit einer beliebigen Spannung zwischen 9 bis 36 Volt. Auch der Stromverbrauch ist bei modernen Geräten so gering geworden, daß jedenfalls eine ansonsten voll funktionstüchtige Bordanlage nicht mehr nennenswert belastet wird. Viele Geräte arbeiten sogar mit Walkman-Batterien (Größe AA) bis zu 10 Stunden ununterbrochen. Nun wäre es unpraktisch, alle 10 Stunden 4 neue Batterien in ein Gerät einzulegen. Aber das GPS-System hat den unschätzbaren Vorteil, daß es (im Gegensatz zum Omegasystem beispielsweise) nicht ununterbrochen mitlaufen muß. Es ist beim GPS-System so, daß sogar eine Atlantiküberquerung mit einem tragbaren Gerät und vier eingelegten Walkman-Batterien problemlos durchgeführt werden kann, wenn lediglich zur gelegentlichen Positionsbestimmung und Festlegung eines aktuellen Kurses das Gerät für wenige Minuten eingeschaltet wird.

Einige GPS-Empfänger, meist sind diese tragbar, haben einen Batterie-Spar-Modus. Dieser arbeitet durch Herabsetzung der Aktualisierungs-Rate. Statt beispielsweise jede Sekunde wird dann nur noch jede Minute eine aktuelle Position angezeigt. Es versteht sich von selbst, daß dies etwa auf hoher See mehr als ausreichend ist. Solche Geräte können dann unter Umständen während der gesamten Törndauer in Betrieb bleiben, obwohl sie mit den Gerätebatterien auskommen müssen. Ein weiterer Vorteil dieses Modus ist, daß ein ständig mitlaufendes Gerät nicht eigens initialisiert werden muß, was wiederum Batterien spart.

Soll Strom gespart werden, dann ist darauf zu achten, daß dabei die gespeicherten Werte nicht verlorengehen. Dazu gehören etwa mühsam eingegebene Wegpunkte, die mit der SETUP-Funktion gewählten Einstellungen oder die bereits empfangenen Satellitendaten. Sie bleiben nämlich nur erhalten, solange sie zumindest mit sehr schwachem Strom versorgt werden. Dieser Strom kommt entweder aus den Hauptbatterien, gleichgültig ob es sich um eingelegte Batterien oder die Bordbatterie handelt, oder er wird von Kondensatoren des GPS-Empfängers zur Verfügung gestellt. Dies hat in jedem Fall zur Folge, daß bei langem Abtrennen des GPS-Gerätes von der Stromversorgung dieser Daten-Erhaltungs-Strom langsam versiegt und damit die flüchtigen Daten verlorengehen. Eine erneute Setup-Prozedur nach Gerätebeschreibung, erneutes Eingeben von Wegpunkten und eine unter Umständen zeitaufwendige und damit stromfressende Initialisierung wären die Folge.

Alle modernen Geräte sind so konstruiert, daß sie beim Batteriewechsel oder beim Abschalten des Bordnetzes für eine gewisse Zeit die Daten halten können. Wer ganz sicher gehen möchte, wird aber für die Zeit des Batteriewechsels das Gerät ans Bordnetz anschließen, damit die Stromversorgung nicht unterbrochen wird.

Zahlreiche Geräte benutzen zur Daten-Erhaltung eine zweite Batterie im Gehäuse, meist eine Lithium-Knopf-Zelle. Weil sie so selten an ihr Dasein erinnert (nämlich nur dann, wenn sie leer ist und die Daten schon verloren sind), sollte die Betriebsanleitung des GPS daraufhin überprüft werden und unbedingt die dort gegebenen Hersteller-Empfehlungen bezüglich des – vielleicht jährlichen – Batterietausches befolgt werden. Es ist hilfreich, den nächsten Zeitpunkt zum Batteriewechsel irgendwo auf dem Gerät mit Filzstift zu notieren.

Wasserdichtigkeit

Eine Reihe von Geräten wird »spritzwasserfest«, andere sogar als »wasserdicht« angeboten. Es kann heute wohl davon ausgegangen werden, daß alle für die Seefahrt angebotenen GPS-Geräte weitgehend unempfindlich gegen das feuchtigkeitsreiche Klima an Bord sind, so daß aus dieser Sicht kein Gerät bedenklich ist. Soll ein Gerät an einem spritzwassersicheren Ort, wie es die Navigationsecke sein sollte, montiert werden, so kommt dafür wohl jedes Gerät in Frage. In jedem Fall muß aber vermieden werden, daß die Tasten, es sei denn, sie sind wasserdicht abgedeckt, mit salzwasserfeuchten Fingern oder mit tropfendem Ölzeug bedient werden.

Anders verhält es sich, wenn draußen im Cockpit mit dem GPS-Gerät in der Hand oder in einer Halterung navigiert werden soll. Dann ist eine wasserdichte Ausführung notwendig. »Spritzwasserfest« heißt im Grunde nichts anderes, als daß eine »Wasserdichtigkeit« nicht gewährleistet ist. Bei einer überkommenden See muß aber mit massivem Wasser und nicht nur mit Spritzwasser gerechnet werden. Im übrigen läßt sich jedes Handgerät mit Hilfe einer durchsichtigen Plastiktüte zumindest zeitweise »spritzwasserfest« machen.

Sind für die Luftfahrt und den Landverkehr entwickelte GPS-Empfänger auch für die Seefahrt geeignet?

Ohne Vorbehalt kann diese Frage positiv beantwortet werden. Meistens unterscheiden sich die GPS-Geräte für die Luftfahrt oder die für den Landverkehr nur in einem wesentlichen Punkt von den See-GPS-Geräten. Während bei GPS-Geräten für die Seefahrt häufig eine Geschwindigkeitsanzeige nur bis 90 Knoten möglich ist, reichen solche für die Fliegerei im allgemeinen für Geschwindigkeiten von mehr als 400 Knoten aus. Dies könnte für die Seefahrt insofern einen kleinen Nachteil haben, als eine Geschwindigkeitsanzeige auf Zehntelknoten nicht möglich ist. Dem einen oder anderen wird dies wichtig sein, er möge aber bedenken, daß die Geschwindigkeitsanzeige in der Seefahrt beim GPS-Empfänger ohnehin mit ein paar Fragezeichen bezüglich der letzten Genauigkeit versehen werden muß.

Vom Preis her bestehen keine großen Unterschiede zwischen See- und Flugzeug-Empfängern. Häufig haben sogar Flugzeug-Empfänger eine höhere Leistungsfähigkeit, weil sie eine »Database« mit sämtlichen Flugzeugen und Flugfunkfeuer der Welt eingebaut haben. Dies kann durchaus für den Hochseesegler von Vorteil sein, weil bei weiträumigen Ozeantörns viele Wegpunkte sozusagen automatisch schon vorhanden sind. Will man beispielsweise nach Barbados segeln, so reicht als Ziel-Wegpunkt durchaus aus, wenn der Flugplatz von Barbados aufgerufen wird. Daß in unmittelbarer Nähe einer Insel dann die Hafeneinfahrt eingetippt wird, versteht sich von selbst.

Jeder GPS-Empfänger ist ein Kompromiß

Die Vorliebe des Autors gilt den tragbaren GPS-Empfängern. Sie haben den Vorteil, daß sie nicht nur auf dem eigenen Schiff, sondern beispielsweise auch während des Charterurlaubes oder bei einem Landausflug in unwegsames Gelände benutzt werden können. Mit einem tragbaren GPS-Empfänger in der Tasche ist jedermann vor den Überraschungen, die eine schlecht ausgerüstete Yacht bieten kann, sicher. Darüber hinaus bedeutet das mitgebrachte GPS-Gerät zusätzliche Sicherheit. In diesem Zusammenhang sei gleich die Mitnahme von Klebeband empfohlen, mit dem sich das leichte GPS-Gerät auf einer fremden Yacht überall »montieren« läßt.

Ein weiterer Vorteil bei einem tragbaren GPS-Gerät besteht darin, daß schon bei der Törnvorbereitung das recht umständliche und zeitaufwendige »Aufladen« mit den Wegpunkten für den Ferientörn in Ruhe am heimatlichen Schreibtisch vorgenommen werden kann. Ein solches Hand-GPS verstärkt die Vorfreude auf den Urlaub erheblich. Es läßt sich auch damit praktisch üben, wenn beispielsweise in der Einladung zur Törnvorbesprechung keine Adresse des Treffpunktes, sondern seine Koordinaten angegeben werden.

Noch ein Sicherheitsaspekt spricht für das tragbare GPS-Gerät: Im Seenotfall kann dieses leicht mit in die Rettungsinsel genommen werden, um über das Walkie-talkie seine Position an die Retter durchgeben zu können. Es versteht sich von selbst, daß dies nur möglich ist, wenn es gelingt, das GPS-Gerät trocken zu halten. Auch das ist mit ein wenig Phantasie kinderleicht, indem das GPS-Gerät in eine oder mehrere durchsichtige Plastiktüten verpackt wird. Die Be-

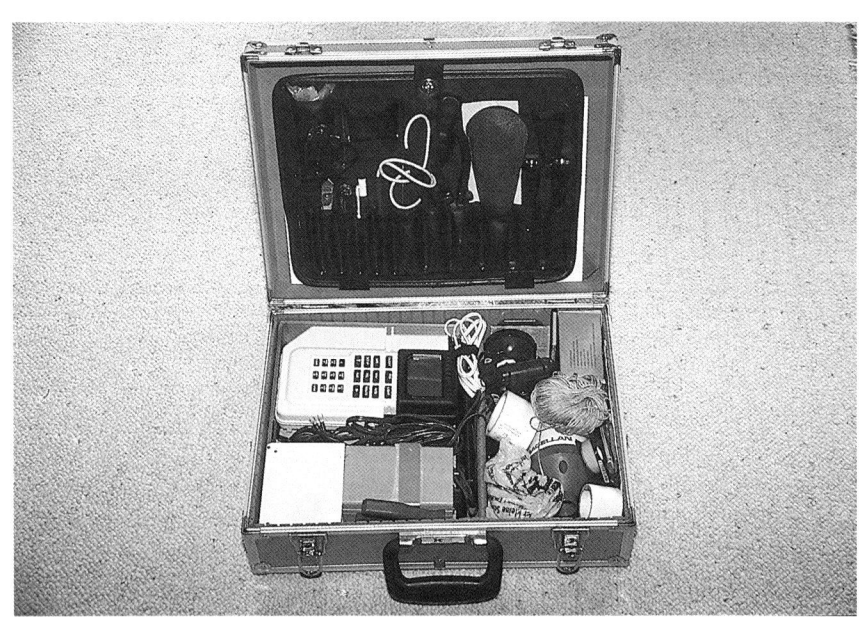

Abb. 9: Utensilien für einen Charterurlaub. GPS ist dabei.

dienung der Druckknöpfe ist von außen auch in der Verpackung möglich und – faszinierend – der GPS-Empfänger ist auch in der Lage, durch das Plastik Satelliten empfangen zu können.

Wenn nicht auf übersichtliche Plotter Wert gelegt wird, die eine bestimmte Größe des GPS-Empfängers voraussetzen, besteht heute kein Grund mehr, ein stationäres GPS-Gerät anzuschaffen. Nahezu alle »Features«, die von einem großen GPS-Gerät erwartet werden, haben heute auch in den kleinen tragbaren Empfängern Platz.

Preis des GPS-Empfängers

Alle GPS-Empfänger, ob teuer oder billig, können gleich gut und praktisch gleich schnell die Position und die Geschwindigkeit des Schiffes berechnen und anzeigen. Wenn der Skipper nur auf diese Größen Wert legt, so besteht kein Grund, mehr Geld als notwendig, auszugeben. Man halte sich immer wieder vor Augen, daß jedes Gerät die Grundfunktionen, nämlich Ermittlung von Position, Kurs und Geschwindigkeit, gleich gut beherrscht und die Aktualisierungs-Rate für die Seefahrt immer ausreichend ist. Wenn also der Preis des Empfängers geprüft wird, so kann sich ein höherer Preis nur aus dem »Zubehör« und der mechanischen Beschaffenheit rechtfertigen. Kriterien für die Preiswürdigkeit sind:
– Handlichkeit,
– Stromverbrauch,
– »Wasserdichtigkeit«,
– »Spritzwassersicherheit«,
– Leichtigkeit der Tastenbedienung,
– Zahl der Wegpunkte,
– Zahl der kompletten Routen,
– Leichtigkeit der Wegpunkt- und Routen-Verwaltung,
– Datenausgang,
– Kartenplotter (Gebiete-Auswahl, eventuelle Zusatzkosten für weitere Kartenmodule).

Der Autor zieht es vor, statt eines Empfängers der gehobenen Preisklasse lieber zwei halb so teure Geräte anzuschaffen. Dann ist er zumindest vor einem bordseitigen Defekt sicher. Unverzichtbar ist aber ein Datenausgang. Damit kann der GPS-Empfänger an einen Computer angeschlossen werden, so daß, je nach Computer-Software, ungleich mehr Möglichkeiten zur Verfügung stehen, als das mit den Empfängern der hohen Preisklasse der Fall ist. Ein Computerprogramm läßt sich zudem leicht und preiswert updaten, beziehungsweise erneuern. Dies ist aber die persönliche Meinung des Autors, der allerdings tagtäglich mit Computern zu tun hat. Für denjenigen, der Berührungsängste davor hat, gilt dies nicht.

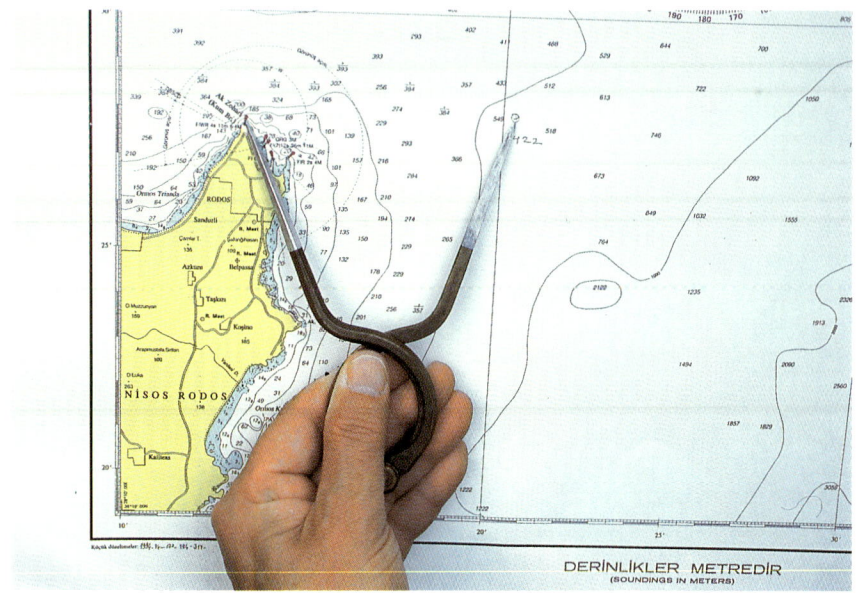

F 1: So einfach wird die Entfernung vom Schiffsort um 14.22 Uhr nach Ak Zohari aus der Karte herausgemessen. Die Distanz wird in den Zirkel genommen...

F 2: ...und an der Skala auf der Kartenseite, nie oben oder unten, abgelesen: 5.7 sm.

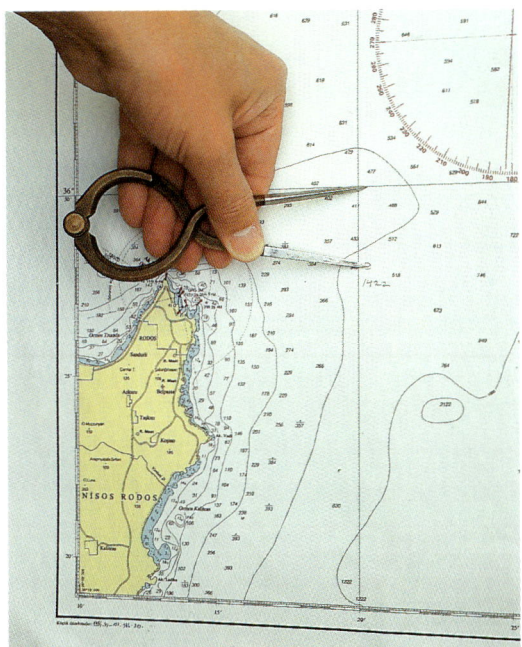

F 3: Um aus der Seekarte Koordinaten zu entnehmen, ist nur der Zirkel nötig. Mit diesem wird die Strecke vom Schiffsort um 14.22 Uhr zum nächsten Breitenparallel abgegriffen und...

F 4:...am rechten oder linken Kartenrand die Breite abgelesen: 36° 27.9′ N.

F 5: Die Länge wird ebenso abgegriffen und...

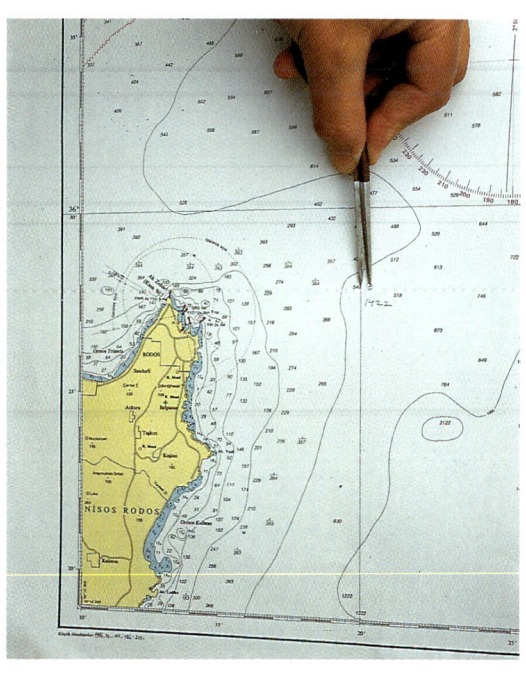

F 6: ...am unteren oder oberen Kartenrand abgelesen: 28° 20.3′ E.

F 7: Der Wegpunkt von 36° 29,2′ N und 28° 17,6′ E soll eingezeichnet werden. Das Kartendreieck wird am rechten oder linken Kartenrand so angelegt, daß die lange Seite des Dreiecks durch die Breite bis zum Wegpunkt verläuft. Die Breite wird sowohl an der Skala...

F 8: ...als auch bei der Position angezeichnet.

F 9: Die Länge wird in den Zirkel genommen,...

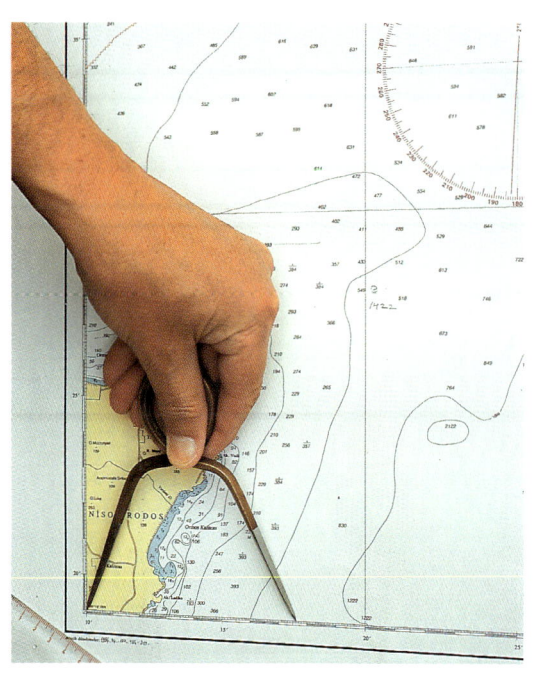

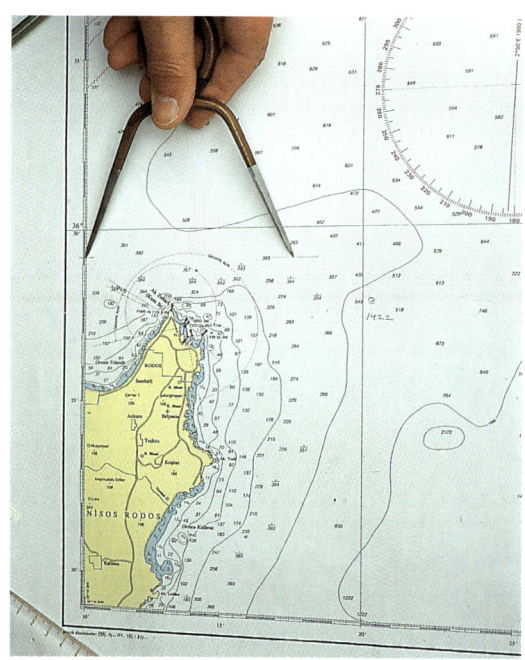

F 10:...beim Bleistiftstrich auf der Breitenskala eingestochen...

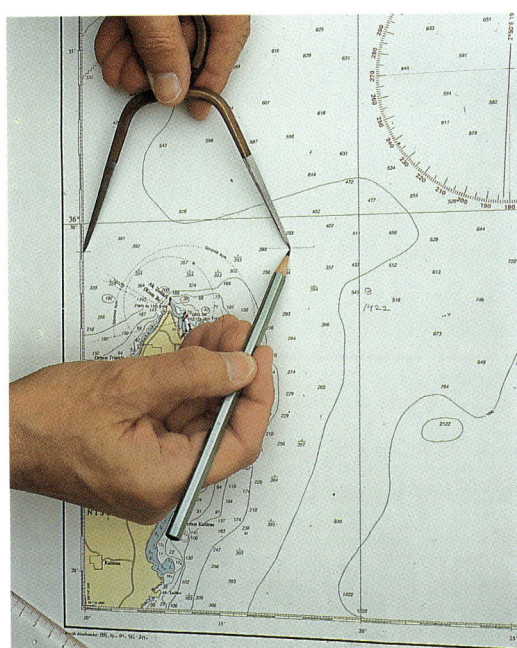

F 11: ...und die Position auf der Breite eingezeichnet.

F 12: Die Koordinaten werden in die Seekarte geschrieben.

F 13: Der Kurs vom Schiffsort um 22.10 Uhr nach der Südspitze Kapidagi Yarimadasi soll herausgemessen werden. Es empfiehlt sich dabei immer, die Kurslinie einzuzeichnen. Dann wird die lange Seite des Kartendreiecks an der Kurslinie angelegt und mit Hilfe eines zweiten Dreiecks oder Lineals so verschoben, bis...

F 14: ...der Nullpunkt auf der langen Seite des Kartendreiecks durch eine senkrechte Kartenlinie (Meridian) verläuft.

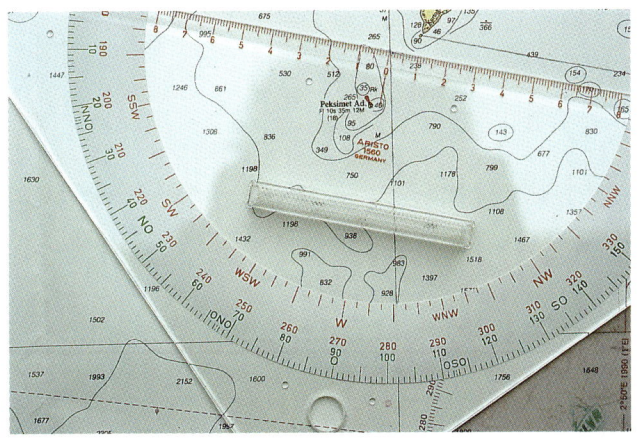

F 15: Anschließend kann dann der Kurs abgelesen werden. Am Dreieck stehen zwei Kursangaben, nämlich 112° und 282°. Klar, das Dreieck weiß ja nicht, in welche Richtung die Yacht segelt, von rechts nach links oder umgekehrt.

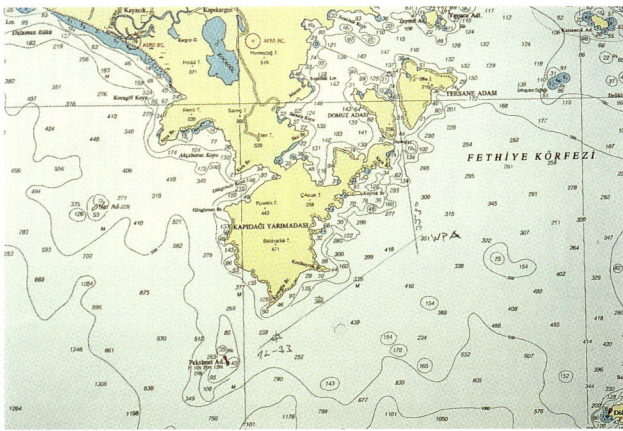

F 16: Hier wurde beim Eingang zur »Engstelle« der Wegpunkt »WPA« als Ziel gesetzt, um rechtzeitig auf der Kurslinie zu sein.

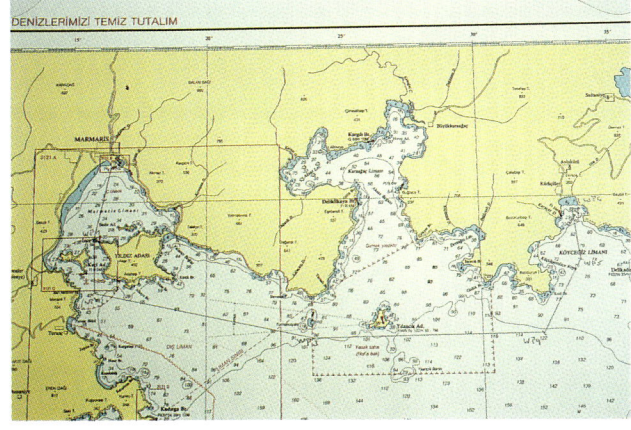

F 17: So wird ein Törn in die Karte eingetragen und anschließend werden nach Möglichkeit die Wegpunkte WP1, WP2 etc. abgesegelt.

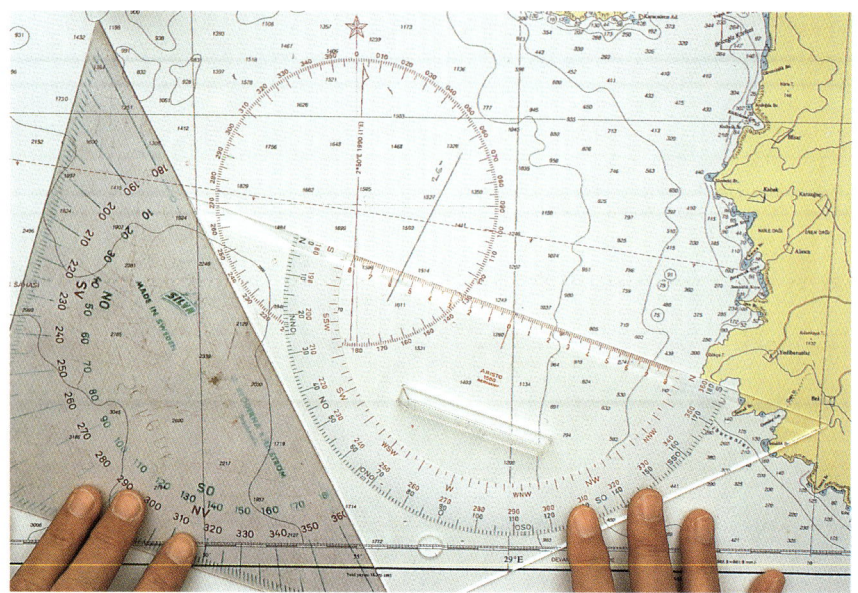

F 18: Zur Schiffsortbestimmung mittels Kreuzpeilung werden die Kompaßpeilungen von 26° und 109° durch die dazugehörigen Landmarken wie Kurse eingezeichnet.

F 19: Der Schnittpunkt der beiden Peilungen ist dann der Schiffsort.

10. Einbau des GPS-Empfängers

Dieser wird von der Antenne bestimmt. Eine der wenigen Einschränkungen, die für den GPS-Betrieb in der Praxis gefordert werden müssen, betrifft die Wahl des Antenntenortes. Anders als übliche Radioempfänger benötigt die GPS-Antenne den quasi-optischen Kontakt zu den Satelliten. Die Antenne sollte also so angebracht werden, daß sie das gesamte Firmament über-»sehen« kann. Dies heißt aber nicht, daß zwischen der Antenne und dem Himmel kein weiteres Medium mehr sein darf. Eine Glasscheibe über der Antenne beeinträchtigt die Empfängerleistung eines GPS-Gerätes kaum. Es kann somit beispielsweise die Antenne unter der Decksluke, sofern sie aus durchsichtigem Material besteht, gewählt werden. Dies hat sogar den Vorteil, daß die Antenne jedenfalls nicht als Schotenfänger im Wege steht. Am besten ist es, einen geeigneten Antennenplatz vor Ort, also an Bord, durch Verschieben der Antenne auszuprobieren. Einige Geräte zeigen direkt die Feldstärke der empfangenen Satelliten an, so daß damit leicht ausprobiert werden kann, inwieweit sich beispielsweise eine Kunststoffabdeckung auf die Empfangsleistung auswirkt. Man sollte hierbei nicht zu ängstlich sein, denn auch in diesem Punkt ist das GPS-System ziemlich unproblematisch.

Selbstverständlich hängt der geeignete Anbringungsort für die Antenne auch von der Länge der Zuleitung ab. Ist die Antenne mit Empfänger mittels eines Kabels verbunden, so ist die Länge des

Abb. 10: Das Anbringen der Antenne ist meistens unproblematisch. Hier wurde auf einem Rahsegler die kleine weiße Satellitenantenne einfach mit Tape unter das obere Deckslicht geklebt. Obwohl dieser Ort noch von 25 m hohen Masten mit vielen Rahsegeln überragt wurde, war der GPS-Empfang einwandfrei.

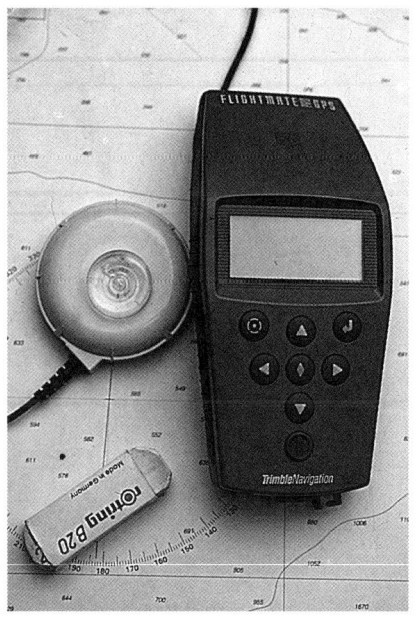

Abb. 11: Mit diesem Trimble und der Außenantenne gibt es keine Installationsprobleme.

Kabels meistens kritisch, das heißt, man kann das Kabel nicht ohne weiteres verlängern oder auch verkürzen. Wird eine derartige Änderung des Originalzustandes notwendig, so bespreche man das unbedingt mit der Herstellerfirma.

Legt der Navigator Wert darauf, daß der GPS-Empfänger einen zentralen Platz in der Navigationsecke findet, dann wird er zu einem Gerät greifen müssen, bei dem die Antenne nicht fix am Empfänger befestigt ist, sondern über ein Zuleitungskabel getrennt montiert werden kann. Denn kaum jeweils wird die Navigationsecke so untergebracht sein, daß die Antenne Rundumsicht zum Horizont hat. Einige Skipper suchen den Weg zur direk-

Abb. 12: Kein guter Platz für die Antenne: der Heckkorb. Mit Sicherheit wird sich da mal jemand draufsetzen.

ten Navigation, das heißt, sie bringen den GPS-Empfänger gleich im Cockpit an. Dort kann die Gehäuse-Antenne durchaus optimale Sichtbedingungen haben und gleichzeitig kann das Anzeigefeld vom Rudergänger beobachtet werden. Eine solche Anbringung setzt ein wasserdichtes Gehäuse voraus. Ein »spritzwassergeschütztes« Gehäuse würde ich bei dieser Art von Anbringung nicht benutzen, weil es bei schwerem Wetter jederzeit vorstellbar ist, daß das Cockpit einer Segelyacht mit Wasser, zumindest für Minutenbruchteile, randvoll gefüllt wird.

Noch etwas gilt es bei der Wahl des Antennenortes zu berücksichtigen. Ein Fall aus der jüngsten Praxis hat es gezeigt: Bei der Yacht *Sarita* war die GPS Antenne – theoretisch optimal – im Masttop angebracht. Als dann aufgrund eines Materialfehlers die Yacht entmastet wurde, war es mit der GPS-Navigation vorbei. Obgleich elektronisch optimal ausgerüstet, mußte der Skipper auf die bewährten Methoden der Schiffsortbestimmung unter diesen erschwerten Bedingungen (ohne Mast 280 Meilen von der Küste entfernt!) zurückgreifen.

Schon aus diesem Grunde tendiert der Autor zu preiswerten, tragbaren Geräten, die *wahlweise* an die Bordversorgung angeschlossen oder mittels eingelegter Walkman-

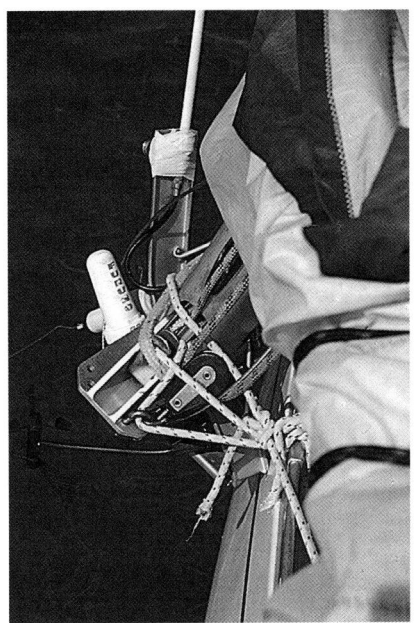

Abb. 13: Nach dem Mastbruch auf der *Sarita* waren weder UKW noch GPS benutzbar. Beide Antennen waren im Masttopp montiert.

Batterien betrieben werden können.

Wird das GPS-Gerät an das Bordnetz angeschlossen, so sind die Stromversorgungskabel ausreichend zu dimensionieren, um einen zu großen Spannungsabfall zu vermeiden. Nachdem die meisten GPS-Geräte über einen weiten Voltbereich, zum Beispiel von 9 Volt bis 40 Volt betrieben werden können, werden bei modernen Geräten hierbei niemals Schwierigkeiten auftreten. Wessen Gerät zum Beispiel nur 2 Watt verbraucht, ein alltäglicher Wert bei modernen Geräten, braucht sich, wie nachfolgende Tabelle zeigt, überhaupt keine Gedanken zu diesem Thema zu machen, denn fast jedes Kabel ist ausreichend dimensioniert.

Bei älteren Geräten oder bei stromfressenden Kartenplottern mit integriertem GPS sollte allerdings die Kabelzuführung auf ihre Dicke hin mittels der Tabelle überprüft werden.

Leitungslänge ist die Länge der zweiadrigen Zuleitung von der Hauptbatterie bis zum Gerät. Der Kabeldurchmesser ist der Mindestdurchmesser einer Ader.

**Stromverbrauch:
2 Watt**

4 Meter: 0.1 mm^2
8 Meter: 0.2 mm^2
12 Meter: 0.3 mm^2

**Stromverbrauch:
12 Watt**

4 Meter: 0.6 mm^2
8 Meter: 1.2 mm^2
12 Meter: 1.8 mm^2

**Stromverbrauch:
50 Watt**

4 Meter: 2.5 mm^2
8 Meter: 5.0 mm^2
12 Meter: 7.4 mm^2

11. Genauigkeit des GPS-Verfahrens

GPS ist ein revolutionäres und großartiges Navigationsverfahren. Dringend und eindringlich möchte ich aber davor warnen, die Genauigkeit des GPS-Verfahrens zu überschätzen. Für den praktischen Navigationsbetrieb an Bord sollten wir uns auch nicht auf Zahlenspielereien wie »mittleres Fehlerquadrat« einlassen, denn die Kernfrage ist nicht: »Wie genau ist das GPS-Verfahren«, sondern: »Wie ungenau ist meine GPS-Position?«

Es ist nämlich völlig gleichgültig, wie genau mein Standort bei schönem Wetter unter guten Segelbedingungen ist. Ob ich letztlich auf 1 sm oder auf 1 m genau bin, spielt für die Frage, wie ich nachmittags den Zielhafen erreiche, nicht die geringste Rolle. Entscheidend ist aber die Ungenauigkeit dann, wenn ich zum Beispiel nachts unter schlechten Wetterbedingungen durch eine Meerenge, umgeben von Riffs, navigiere oder aber die Frage, wie weit ich im Nebel an ein unbeleuchtetes Wrack heransegeln kann. Wenn hier ein Skipper den Werbesprüchen der GPS-Hersteller unkritisch begegnet und zu dem Schluß kommt, er könne bis auf 30 m an ein solches Hindernis heranschippern, weil ja ständig von 25-Meter-Genauigkeit gesprochen wird, wird dieser verantwortungslose Skipper sicher irgendwann Schiffbruch erleiden. Niemals wird nämlich mit dem jetzigen Kartenmaterial in der Praxis eine solche Genauigkeit mit Hilfe von GPS zuverlässig erreicht werden. Mit Absicht desillusionierend weise ich deshalb auf eine Bemerkung in einem Bericht von Dipl.Ing. Sigrid Schiemann vom Bundesamt für Seeschiffahrt und Hydrographie hin. Da heißt es nebenbei: »Bringt der Navigationsempfänger, zum Beispiel auf Grund eines Satellitenwechsels von GPS, einen um mehrere Meilen falschen Ort (das kann vorkommen!) ...«

Künstliche Fehler

90 Prozent aller Skipper machen sich schon hinsichtlich der Systemgenauigkeit Illusionen. Dies rührt meist von den ersten Erfolgserleb-

nissen her. Da hat sich der Navigator jahrelang mit Ungenauigkeiten der konventionellen Navigationsmethoden herumgeschlagen und schaltet dann zum ersten Mal sein GPS-Gerät ein. Ein vermeintliches Wunder geschieht: In wenigen Minuten erscheint auf dem Display des Empfängers die Position nach Länge und Breite, die ohne weitere Korrekturen nahezu metergenau mit der tatsächlichen Position, wie aus der Karte herausgemessen, übereinstimmt. Doch solche Eindrücke verführen in der ersten Begeisterung zu positiven Vorurteilen, die die Kritikfähigkeit lähmen und für die Zukunft äußerst gefährlich sind.

Faktum ist, daß das GPS-Verfahren zwei verschiedene Genauigkeitsstufen liefert:

a) Precise Positioning Service (PPS) – früher p-code genannt,
b) Standard Positioning Service (SPS) – früher c/a-code genannt.

PPS liefert eine Position von einer Genauigkeit von besser als 18 m. Dieser Dienst ist codiert, also verschlüsselt, und steht nur den Streitkräften der USA und der Nato zur Verfügung.

SPS ist unverschlüsselt und ist allen Nutzern, also uns, zugänglich. An und für sich liefert der SPS-Code Positionen, besser als 35 m genau. Eine derartige Genauigkeit war auch während des Golf-Krieges festzustellen, weil die amerikanischen Streitkräfte mit ihren zum Teil handelsüblichen Empfängern (wie sie sich auch auf Yachten befinden) mit der höchstmöglichen Genauigkeit ausgestattet werden sollten. Seither aber wird dieser maximale Fehler von 35 m gezielt auf 100 m mit maximalen Abweichungen auf 300 m in seltenen Fällen vergrößert. Diese Verschlechterung, genannt »Selective Availability« (SA) wird von den Betreibern des GPS-Systems seit dem Golfkrieg mit wechselnder Intensität angewandt. Dieser Fehler berührt auch die vom GPS-Gerät angezeigte Geschwindigkeit, so daß auch diese erhebliche Abweichung von der Ist-Geschwindigkeit erreichen kann.

Was bedeutet dies für die Praxis? Der seemännisch denkende Navigator wird, wenn es darauf ankommt, von der höchstmöglichen Ungenauigkeit ausgehen müssen. Selbst wenn Fehler in der Größenordnung von 300 m nur in 0,01 Prozent aller Fälle auftreten, muß der Navigator damit rechnen, daß gerade die Position, die er vom Display abliest, nur auf 300 m genau ist. Verglichen mit den GPS-losen Zeiten immer noch ein fantastischer Wert.

Daß es sich hierbei nicht um lediglich theoretisch fundierten Pessimismus handelt, zeigen Aufzeichnungen über 24 Stunden hinweg, die diese Ungenauigkeit im vollem Umfang bestätigen.

Abbildung 14 wurde von einem festen Platz an der Mole in Mamaris/Türkei gemacht und ergibt einen Bereich von drei Kabellängen (550 m), in die die Positionsmessungen fallen.

Der zweite Mitschnitt (Abb. 15 u. 16) von GPS-Messungen zeigt eine Segelyacht, die ungefähr Kurs West mit einer gleichbleibenden Geschwindigkeit von 8 Knoten bei spiegelglatter See unter Motor läuft. Die zackige Linie stellt nicht etwa den Kurs eines betrunkenen Rudergängers dar, sondern ergibt sich eben aus den Fehlern im GPS. Es besteht derzeit keine zuverlässige Möglichkeit, diesen künstlich erzeugten Fehler etwa über die Software eines GPS-Empfängers zu eliminieren. Ganz besonders wichtig in diesem Zusammenhang ist die Tatsache, daß die Betreiber des GPS-Systems dieses Signal ohne Vorwarnung nach eigenem Belieben verschlechtern können. GPS läßt sich sogar so manipulieren, daß räumlich begrenzt grö-

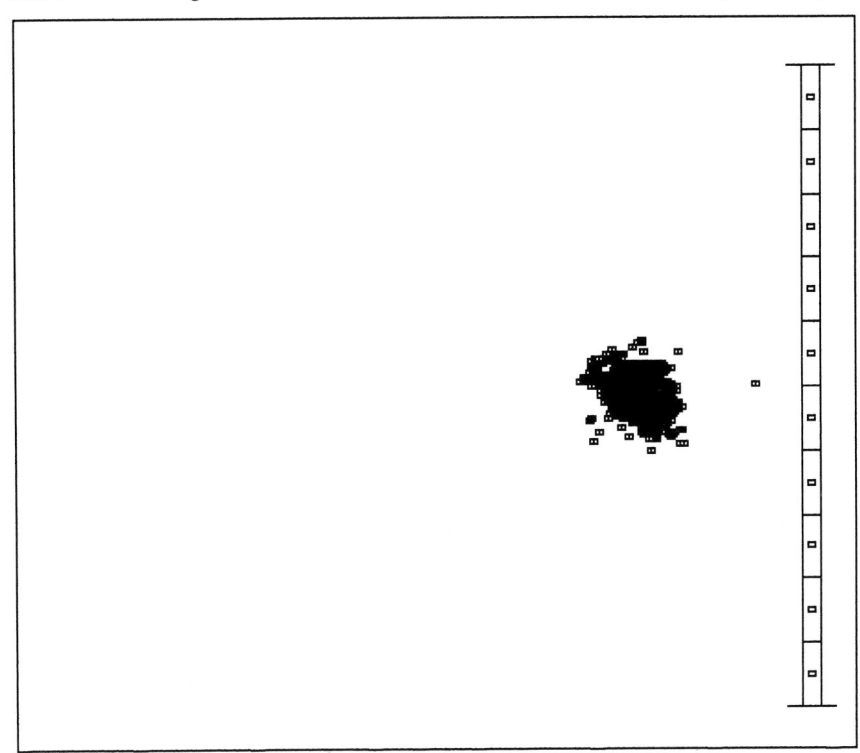

Abb. 14: Der Maßstab rechts stellt eine Seemeile dar. Die im Abstand von 10 Sekunden aufgenommenen Messungen streuen über 2 Zehntelseemeilen, also über rund 350 m.

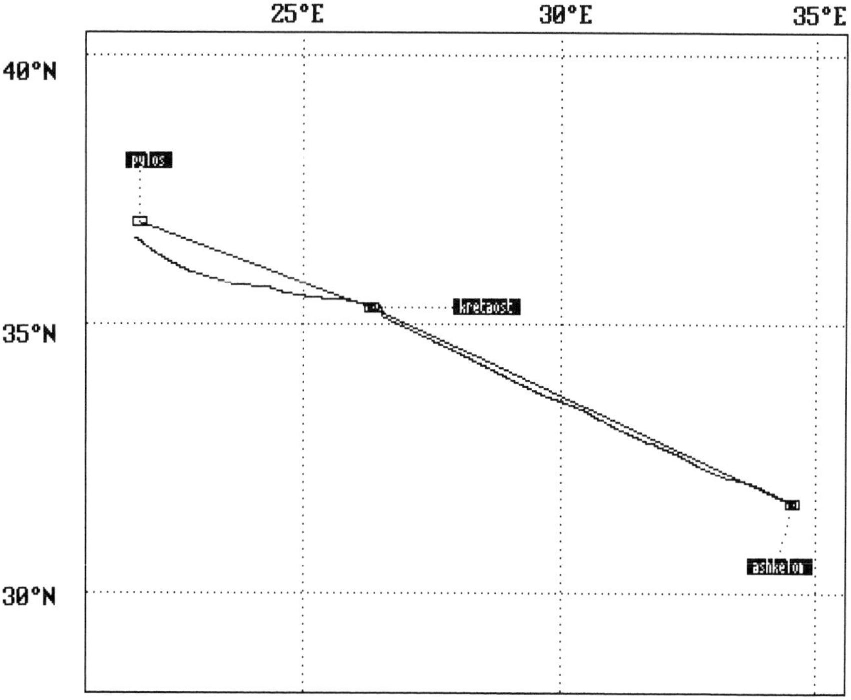

Abb. 15: Dies ist der mit GPS aufgezeichnete Kurs einer Segelyacht von Pylos/Griechenland nach Ashkelon/Israel. Doch der Schein trügt, die GPS-Positionen waren nicht so geradlinig, ...

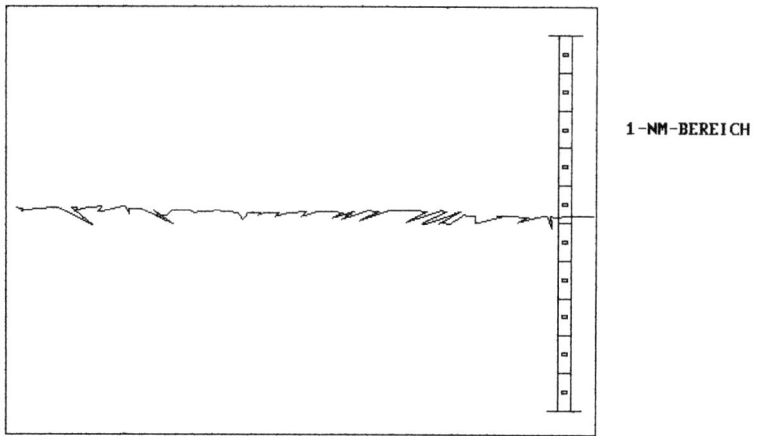

Abb. 16: ...wie dieser Ausschnitt einer Ein-Meilen-Teilstrecke zeigt. Senkrechter Maßstab entspricht einer Meile. Fehler im GPS-System!

ßere Fehler auftreten. In diesem Fall gibt es am Empfänger selbst auch keine Warnung, daß zum jetzigen Zeitpunkt beispielsweise mit hoher oder niedriger Ungenauigkeit zu rechnen ist. Mit diesem Fehler haben wir Yachtsleute zu leben. Obgleich es fast makaber ist, daß sich die Menschheit in der Navigation jahrhundertelang bemüht hat, eine hohe Genauigkeit zu erzielen und daß nach Erreichen dieses Ziels diese phantastische Navigationsmethode künstlich wieder verschlechtert wird.

Gegenüber diesem hausgemachten Fehler fallen übrige Fehler des GPS-Systems kaum ins Gewicht.

Systemfehler

Hierbei wird vorausgesetzt, daß sowohl System als auch Empfänger fehlerfrei funktionieren. Tröstlich ist, daß eine Mißfunktion des Empfängers nicht zu einer größeren Ungenauigkeit der Position führt, sondern mit größter Wahrscheinlichkeit zu einem Ausbleiben der Positionsanzeige.

In diesem Zusammenhang muß vor einem »Pseudofehler« besonders gewarnt werden, weil dieser zu verheerenden Konsequenzen führen kann.

Es gibt zahlreiche GPS-Empfänger, auch führender Firmen, die nicht sofort anzeigen, wenn sie aufgrund von schlechten Meßverhältnissen nicht mehr in der Lage sind, eine Position zu errechnen. Wahrscheinlich, um gegenüber der Konkurrenz eine größere Empfangsleistung vorzutäuschen, koppeln derartige Empfänger nämlich bei momentan auftretenden Empfangsstörungen eine gewisse Zeit aufgrund der bisherigen Geschwindigkeit und des Kurses weiter. Dies kann sich über mehrere Minuten erstrekken. Hierbei erscheint dann keine optische Warnung auf dem Bildschirm.

Ändert die Yacht nun zufällig nach dem Ausbleiben der entsprechenden GPS-Signale Kurs oder Geschwindigkeit, stimmen also Koppelort und tatsächlicher Ort nicht mehr überein, so kann das GPS-Gerät unter diesen Umständen Positionen anzeigen, die schlicht und einfach falsch sind. Jeder Benutzer kann sein GPS-Gerät selbst daraufhin überprüfen, indem er die Antenne im GPS-Empfänger abdeckt und beobachtet, wie lange es dauert, bis der Empfänger eine Warnung von sich gibt oder eben keine Position mehr anzeigt. Genaugenommen müßte die Positionsanzeige schon verschwinden, nachdem auch nur eine Sekunde lang die Antenne abgedeckt wurde. Denn genau in diesem Moment ist ja kein Satellitenempfang mehr möglich. Mancher Navigator wird überrascht sein.

Ungenauigkeiten wegen schlechter »Bedekungsgeometrie«

Es reicht nicht immer für einen guten und hochgenauen Schiffsort aus, wenn gleichzeitig vier Satelliten am Firmament »sichtbar« sind. Es kommt auch darauf an, in welcher Position diese Satelliten zueinander stehen. Man spricht hier von der »Dilution of Precision«, abgekürzt DOP. Entscheidend für die Navigation auf dem Wasser ist die HDOP (Horizontal Dilution of Precision). Die Bedeckungsgeometrie stellt nichts anderes dar, als die altbekannte Problematik der schleifenden Schnitte. Für einen guten Schiffsort reicht es eben nicht, vier Satelliten zur Verfügung zu haben, wenn diese vier Satelliten zufällig sehr dicht beieinander stehen. Im Extremfall wäre dies so, daß sich überhaupt keine Schnitte mehr ergeben, sondern Parallelen. Allerdings sind wir weitgehend gegen derartige Fehler gefeit, weil alle heutigen GPS-Empfänger derartig fragwürdige Positionen überhaupt nicht anzeigen. Selbst wenn der Empfänger dann meldet »poor Satellit Geometrie«, heißt dies noch lange nicht, daß sein Schiffsort unverwertbar ist. Viele GPS-Empfänger geben einen Wert für HDOP an. Ein HDOP 1 bedeutet: »Ideale Satellitenkonstellation«. Werte unter 3 sind als »gut« und Werte über 8 als »schlecht« anzusehen. Normale Werte liegen zwischen 3 und 8.

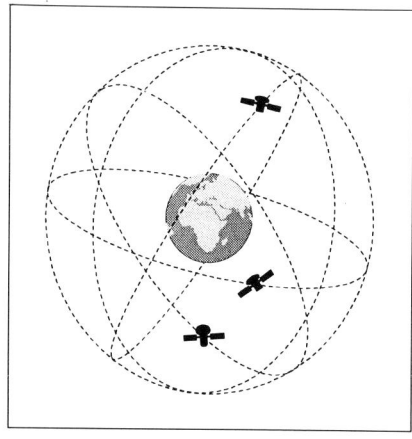

Abb. 17: Schlechte Satellitenkonstellation. Sie stehen zu nahe zusammen, die Standlinien (nicht die Bahnen!) schleifen, hohes HDOP.

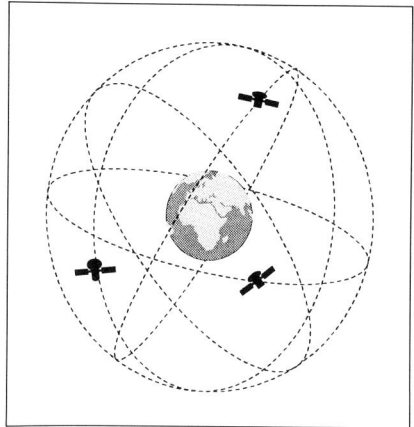

Abb. 18: Gute Satellitenkonstellation. Satelliten stehen so, daß ihre Standlinien gute Schnittwinkel haben. Hohe Genauigkeit, niedriges HDOP.

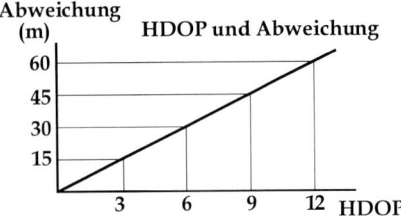

Abb. 19: Auswirkung des HDOP auf die Genauigkeit.

Abbildung 19 zeigt, daß auch ein schlechtes HDOP von z. B. 12 »nur« eine Abweichung von 60 m ergibt. Für den Gesamtfehler (künstlich verschlechterte Genauigkeit und Seekarte) spielt dies keine Rolle, so daß sich der Navigator nur im Extremfall Gedanken um das HDOP machen muß.

Rechen- und Datenfehler

Es existieren keine zuverlässigen, d. h. nachprüfbaren Berichte darüber, daß falsche Positionen aufgrund von schlichten Datenfehlern angezeigt worden sind. Aber vorstellbar ist es ohne weiteres. Satelliten werden von Rechnern überwacht und gefüttert, so daß bereits in den Laufbahndaten der Satelliten Fehler nicht mit letzter Sicherheit ausgeschlossen werden können.
Daß dies kein Unkenruf ist, beweist eine Reihe von zunächst unerklärlichen Raketenabstürzen in den letzten Jahren, bei denen immerhin jeweils ein finanzieller Hintergrund von einigen 100 Millionen Dollar vorhanden war, also praktisch unbeschränkter technischer Aufwand getrieben werden konnte. Häufig war die Ursache solcher Crashs ein simpler Fehler in der Software, also ein menschlicher Programmierfehler. Das jüngste Beispiel: Ein neuer Prozessor des führenden Herstellers rechnete ab der achten Stelle hinter dem Komma falsch. Was daran besonders nachdenklich macht, ist, daß dieser Fehler erst bemerkt wurde, als schon weltweit Zigtausende von diesen Prozessoren in Computer eingebaut worden waren. Schwarzmalerei?
Aus einem Testbericht eines GPS-Gerätes: »...gab es eine gravierende Fehlfunktion...Wurden bei unserem Test absurde Werte für Kurs und Distanz (mehr als 3000 Meilen!) errechnet.« Welch ein Glück, wenn der Fehler so auffällig ist!

Seekartenfehler

Eine erhebliche Rolle in der unmittelbaren Praxis spielt bei der Diskussion der GPS-Fehler die Ungenauigkeit, die mit dem GPS-Verfahren gar nichts zu tun hat, sondern allein auf der verwendeten Seekarte beruht.

Mit unseren Seekarten machen wir im GPS-Zeitalter nunmehr eine ganz neue Erfahrung. Haben wir früher blindlings auf die Richtigkeit und Genauigkeit der Seekarte vertraut, vor allem wenn sie neueren Datums war und die Korrekturen vollständig eingetragen waren, so müssen wir nunmehr feststellen, daß die Seekarten selbst mit ihrem Koordinatensystem von den tatsächlichen Gegebenheiten abweichen. Früher war es mehr ein Kuriosum, wenn gelegentlich, auch in Allerweltsgegenden wie im Mittelmeer, festgestellt wurde, daß zwischen der Seekarte der britischen Admiralität und der deutschen Seekarte des Bundesamtes für Seeschiffahrt und Hydrographie (BSH) für dieses Gebiet Abweichungen in den Positionen von Inseln von bis zu 1 Meile vorgekommen sind. Präziser gesagt: Nicht die Positionen sind voneinander abgewichen, sondern die Koordinatenlinien in den verschiedenen Seekarten. Für die praktische Navigation hatte dies keine Auswirkungen, denn es wurde ja in der Karte navigiert, also höchstens im Logbuch auf das Koordinatennetz Bezug genommen. Wenn also Notwendigkeit bestand, Koordinaten zu einem bestimmten Punkt anzugeben, dann konnten auch erhebliche Ungenauigkeiten damals nicht auffallen, weil ja zeichnerisch und nicht mit Ziffern navigiert wurde.

Heute aber würde der GPS-Empfänger eine Position in Ziffern nach Breite und Länge angeben und diese Position anschließend mit Hilfe des Koordinatennetzes in die Karte übertragen. Die wäre schlicht um 1 sm falsch. So kann es vorkommen, daß dann die »hochgenaue« GPS-Position in der Seekarte auf einem Berg liegt, oder der Kartenplotter den Schiffsort auf der Hauptstraße statt am Steg im Hafenplan zeigt.

Deshalb sollte man heute zur GPS-Navigation nach Möglichkeit nur Seekarten benutzen, die bereits auf das GPS-System Rücksicht nehmen. Dies ist leicht daraus zu erkennen, daß sich in derartigen Karten Einträge befinden, um wieviel eine GPS-Position verschoben werden muß, um unmittelbar in der jeweiligen Karte benutzt werden zu können. In einem derartigen Eintrag wird immer darauf hingewiesen, daß GPS-Positionen z. B. 0,03 min südwärts und 0,06 min westwärts zu verlegen »sind«, um mit der Karte übereinzustimmen. Gleichzeitig erfolgt ein Hinweis auf das zu verwendende Kartendatum.

Kartendatum

Da die Erde keine einwandfreie Kugelform aufweist, sondern an den Polen abgeflacht ist, konnte als Grundlage für die Vermessung der

Erde nicht einfach der exakte mathematische Körper einer Kugel benutzt werden. Grob gesagt, die Geographen haben versucht, die »kugelförmige« Gestalt der Erde in eine geometrische Formel zu pressen, die sich an die tatsächlichen Gegebenheiten nur nähern kann. An die 100 solcher »Vermessungsformeln« für die Erde wurden in der Praxis benutzt, deshalb kann eine Übereinstimmung von Seekarte und GPS-Position nur dann erzielt werden, wenn sowohl die GPS-Position als auch die Seekarte sich auf das gleiche »Kartendatum« bezieht.

Bei nahezu allen GPS-Empfängern besteht die Möglichkeit, jedes beliebige (gebräuchliche) Kartendatum einzustellen. Meistens handelt es sich in »unseren« Gewässern um das sogenannte Kartendatum WGS 84 (= WORLD GEODETIC SYSTEM 1984).

Findet sich also in der Seekarte der Hinweis auf ein Kartendatum und auf eine Abweichung der GPS-Position von der Karten-Position, dann kann davon ausgegangen werden, daß ein etwaiger Kartenfehler jedenfalls weniger als 100 m beträgt, wenn die Verschiebung nach Vorschrift in der Karte vorgenommen wurde. Es gibt einige GPS-Geräte und auch Computer-Programme, bei denen die GPS-Position automatisch um den Kartenfehler verbessert wird, nachdem die Verbesserung der Seekarte entnommen und in den Computer eingegeben wurde.

In weiten Teilen der Erde, und das gilt besonders für Weltumsegler, beruhen die Seekarten auf Vermessungen alter Tage. In der Südsee zum Beispiel lassen sich zahlreiche Seekarten auf das Wirken von James Cook zurückführen, der immerhin vor über 200 Jahren lebte. Daß derartige Karten zwar beredtes Zeugnis von der Genialität dieses großartigen Entdeckers ablegen, doch den Erfordernissen eines so hochgenauen Navigationssystems, wie es das GPS nun einmal darstellt, nicht mehr gerecht werden kann, ist offensichtlich und liegt auf der Hand. Deshalb sollte dort mit Ungenauigkeiten von bis zu 2 sm gerechnet werden. So heißt es beispielsweise im Heft des Trans-Ozean-Vereins vom Oktober 1994 in einem Artikel über die Südsee: »Achtung! Der Paß von Pohnpei hat nach neuester Karte eine Seemeile Differenz zur GPS-Position.«

Wenn wir nun kritisch die gerade besprochenen Fehlermöglichkeiten des GPS- und Karten-Systems betrachten, so bleibt von den vielgerühmten »15 bis 30 Metern Genauigkeit« nicht mehr viel übrig, was den Nutzen des GPS-Systems in den Händen eines echten Seemannes jedoch keineswegs einschränkt.

12. Weiterverarbeitung von GPS-Informationen in der Seekarte

Merke: Gleichgültig, wie ein GPS-Empfänger ausgerüstet ist, gleichgültig wie viele Features er hat, es ist ein Gesetz der Seemannschaft, daß im Ernstfall nur in der Seekarte aus Papier navigiert wird.

Ernstfall bedeutet, daß es auf die Genauigkeit und Zuverlässigkeit der Navigation ankommt. Es ist gleichgültig, ob bei einer Atlantiküberquerung, also weit entfernt vom nächsten Hindernis, die GPS-Position nur jeden Tag ins Logbuch eingetragen wird, der aktuelle Kurs vielleicht vom Taschenrechner oder vom Display des GPS-Empfängers empfangen wird, denn in diesem Fall würde ungenaue Navigation höchstens einen kleinen Umweg bedeuten, also unbequem sein.

Wenn allerdings in Küstengegenden, nachts oder im Nebel, die Vorteile und die Sicherheit von GPS genutzt werden sollen, kann es auf keinen Fall angehen, daß nicht etwa in der Seekarte gezeichnet und navigiert wird.

Dies gilt selbst dann, wenn es sich um einen GPS-Empfänger der gehobenen Preisklasse, etwa gar mit angeschlossenen Kartenplotter handelt.

Maßgeblich für das Navigieren in der Seekarte ist nur die GPS-Position und nebenbei die vom Satelliten mitgelieferte genaue Uhrzeit. Die Fahrt über Grund(!) und der vom GPS-Empfänger angezeigte Kurs über Grund(!) hat keine unmittelbare Bedeutung für die Navigation, deshalb wird er zunächst nicht benötigt.

Nachdem bei ungestörten GPS-Verhältnissen auf die früher so gerne ausgeübte Koppelnavigation nicht mehr zurückgegriffen wird, ja nicht darf, sind für Zwecke der Navigation Kurs und Geschwindigkeit unwichtige Werte, weil ständig die aktuelle GPS-Position zur Verfügung steht. Damit sich der Navigator jedoch vom Fortschritt seiner Fahrt und Gefahrenstellen, die zu seiner Position in Beziehung stehen, einen Begriff machen kann, ist es unerläßlich, daß der Navigator plastisch seine Position in der Seekarte sieht. Deshalb *muß* ein ernsthafter Navigator die GPS-Position fortlaufend, wie auf Seite 53/55 beschrieben, eintragen, wobei zu jedem Bleistiftkreis die Uhrzeit hinzugeschrieben werden sollte. Dies dient nicht nur dem Zweck, daß später ein Törn rekonstruiert werden kann, sondern unmittelbar auch der Kontrolle, ob das GPS einwandfrei arbeitet und ob nicht beispielsweise gefährlicher Strom setzt.

Wie oft die GPS-Position in die Karte eingetragen wird, hängt ganz von den äußeren Umständen ab. Schon nach kurzer Zeit wird jeder so viel Erfahrung haben, daß er je nach Aufgabenstellung in der Navigation hierfür seine eigenen Erfahrungswerte findet. Bei einer Atlantiküberquerung ist es sicher nicht notwendig, mehr als einmal am Tag, vielleicht bei jedem Wachwechsel, die Position (Mittagsort) in die Seekarte einzutragen, während es beispielsweise bei einem Törn durch die schwedischen Schären mit ihren zahlreichen Schiffahrtshindernissen sinnvoll ist, alle zehn Minuten eine derartige Eintragung vorzunehmen.

Navigation heißt, sein Schiff sicher in den Hafen zu bringen. Hierfür ist es aber notwendig – denken wir an die schwedische Inselwelt – auf einem ganz bestimmten Kurs entlangzuskippern, der entweder aus einem einzigen Strich zwischen Abfahrts- und Anfahrtsort oder aber aus einer unregelmäßigen, gezackten Linie bestehen kann. Bei einer Atlantiküberquerung, kann man, liegt die kanarische Inselwelt einmal zurück, mit einer einzigen Linie auskommen, während in Küstengewässern zahlreiche verschiedene Strecken aus der Karte herausgelesen und gesteuert werden müssen. Dringend wird der Anfänger in der Navigation davor gewarnt, allzuviel nach »Sicht« zu fahren. Das einzig richtige Rezept ist es, in der Seekarte sichere Kurse, frei und weit weg von allen gefährlichen Hindernissen, einzuzeichnen, um dann mit Hilfe von GPS und Kompaß möglichst exakt diesen Kurs nachzufahren.

Bei der Küstennavigation, die viel schwieriger ist, als beispielsweise eine Atlantiküberquerung, wo also die gewünschte Kurslinie aus zahlreichen kurzen Strecken zwischen in der Seekarte vom Navigator eingezeichneten Punkten besteht, stehen dem Navigator mit jedem GPS-Empfänger zwei Möglichkeiten zur Kursbestimmung zur Verfügung:

a) das Herausmessen eines Kurses aus der Karte,

b) das Errechnen von Kurs und Entfernung, also voraussichtliche Fahrtdauer, mit Hilfe des GPS-Empfängers und »Wegpunkten«.

Welche der beiden Methoden der Navigator wählt, hängt in erster Linie davon ab, wie leicht Wegpunkte in den GPS-Empfänger eingegeben werden können.

Was ist ein Wegpunkt?

Ein Wegpunkt kann jeder beliebige Punkt in der Seekarte sein, der nach geographischer Breite und Länge festgelegt ist. Um also mit Wegpunkten arbeiten zu können, müssen immer die Koordinaten aus der Seekarte herausgemessen werden (s. Seite 51/52). Gelegentlich können aber auch Wegpunkte aus Leuchtfeuerverzeichnissen oder Hafenhandbüchern übernommen werden. Wird beispielsweise ein Kurs um ein Leuchtfeuer oder um eine markante Tonne herum vom Navigator vorher festgelegt, so ist es unter Umständen sicherer, wenn er die Positionen aus dem Leuchtfeuerverzeichnis, in dem jedes Leuchtfeuer exakt nach Breite und Länge angegeben ist, herausliest. Es gibt sogar schon spezielle Veröffentlichungen, so »Wegpunkte der Ostsee«, in der eine große Zahl von Wegpunkten schon mit Namen und den Koordinaten festgelegt sind, zum Beispiel »Kalkgrund, 54° 49.75′ N und 9° 53.30′ E«.

Wegpunkte brauchen, je nach GPS-Empfänger, nicht immer nach Länge und Breite festgelegt sein. Vielfach praktischer ist die Angabe einer Entfernung und einer (rechtweisenden) Richtung von einem anderen Wegpunkt aus. Ist beispielsweise die Tonne A schon als Wegpunkt im GPS-Gerät einprogrammiert, dann kann ein Punkt genau östlich der Tonne A in einem Abstand zu dieser von 2,4 sm auch so definiert werden: Wegpunkt B, 90°, 2,4 sm von Tonne A. Zahlreiche GPS-Empfänger haben die Möglichkeit, Wegpunkte mit Entfernung und Richtung von einem anderen Wegpunkt aus, in das Gerät einzuprogrammieren. Das ist ganz einfach deshalb praktischer und somit sicherer, weil weniger Zahlen zu verarbeiten sind.

Daß die Wegpunktnavigation keine Erfindung der elektronischen Navigation ist, zeigt ein Blick in eines der wichtigsten Bücher für das weltweite Fahrtensegeln, nämlich in »Ocean Passages for the World«, in dem Tips und Routen für sämtliche Fahrtengebiete auf dem Globus angegeben sind. So steht unter den Segelrouten der Welt: »English Channel for the leeward Islands..., cross 40° W in about 18° N, and thence steer direct to pass between Antigua...«

In früheren Tagen hätte keine Gefahr bestanden, daß einer der nur mit dem Sextanten bewaffneten Kapitäne diesen empfohlenen Wegpunkt »18° N und 40° W« genau trifft. Heute kann es schon passieren, daß zwei Skipper unabhängig voneinander entsprechend den Empfehlungen dieses internationalen Standardwerks in ihren GPS den Wegpunkt mit »18° 00.0' N und 40° 00.0' W« eintippen und sich dann wundern, wenn sie eines Nachts – sich exakt auf dem Wegpunkt befindend – aus der Koje fliegen, weil sie mit dem anderen zusammengestoßen sind. Ein neue Gefahrenquelle in der Navigation!

Zurück zum Navigationsalltag. Hat sich der Navigator, vielleicht schon vor Törnbeginn, der etwas mühseligen anfänglichen Arbeit unterzogen, Wegpunkte nach Breite und Länge festzulegen und in den GPS-Empfänger einzutippen, so ist in der Praxis die Navigation erheblich einfacher als das jeweilige Herausmessen des Kurses aus der Seekarte.

Zum Herausmessen des rechtweisenden Kurses wird das Kartendreieck mit der langen Seite (Hypotenuse) so an der Kurslinie (Verbindungslinie zwischen Position und Wegpunkt) angelegt, daß die Spitze des Dreiecks zum Navigator zeigt. Anschließend wird an einer der beiden kurzen Seiten ein zweites Dreieck (oder ein Lineal) angelegt und auf die Karte gedrückt, sodann das Kartendreieck so lange verschoben, bis eine der senkrechten Linien auf der Seekarte (Meridiane) durch den Nullpunkt verläuft. An der Skala des Kartendreieckes kann dann die Kurslinie direkt in Graden abgelesen werden. Dort finden sich zwei Ergebnisse, je nachdem, in welcher Richtung sich die Yacht auf der Kurslinie bewegt. Fährt die Yacht – grob gesagt – von links nach rechts, dann muß eine Kurslinie zwischen 0° und 180° herauskommen. Im umgekehrten Falle ist es ein Wert zwischen 180° und 360° (siehe Abb. F 13 bis F 15).

Aber mit dem Messen des Kurses allein ist es nicht getan. Der sorgfältige Navigator kommt nämlich nicht umhin, nicht nur den Kurs zu messen, sondern auch das so erhaltene Meßergebnis rechnerisch umzuwandeln. Man spricht hierbei von »Kursverwandlung«. Denn was aus der Seekarte herausgemessen wird, ist nur der rechtweisende Kurs. Schon die Mißweisung ist darin nicht enthalten.

Wie wir aus der Schule wissen, sind der geographische Nordpol und der magnetische Nordpol nicht identisch. Mißweisung ist nun der Wert, um den der Magnetkompaß an diesem Ort der Erde eben nicht nach Norden zeigt. Es sei darauf hingewiesen, daß die Mißweisung in Mitteleuropa keine große Rolle spielt, weil sie jedenfalls in den deutschen Küstengewässern oder im Mittelmeer weniger als 3° beträgt und keine Yacht mit Hilfe des Magnetkompaß so genau gesteuert werden kann, daß eine Mißweisung von weniger als 3° eine Rolle spielen würde.

Es muß aber darauf hingewiesen werden, daß in vielen Gewässern der Erde die Mißweisung erhebliche Werte erreichen, ja sogar 30° übersteigen kann, wenn sich eine Yacht beispielsweise in arktischen Gewässern aufhält. Auf einer Atlantiküberquerung wird der Skipper Mißweisungen von nahezu 20° erleben. Derartige Werte können nicht mehr vernachlässigt werden.

Wie groß die Mißweisung ist, ersieht der Navigator aus dem Eintrag in der Seekarte oder vom GPS-Gerät. Fast jeder GPS-Empfänger ist nämlich in der Lage für alle Orte der Erde die Mißweisung anzuzeigen, die mit dem englischen Ausdruck »Variation« aus dem GPS-Gerät herausgelesen werden kann.

Merke: Wenn der Kurs aus der Karte herausgemessen wurde, muß eine westliche Mißweisung zu dem Kurs hinzugerechnet und eine östliche Mißweisung abgezogen werden, um den Kurs zu erhalten, der schließlich am Kompaß gesteuert wird.

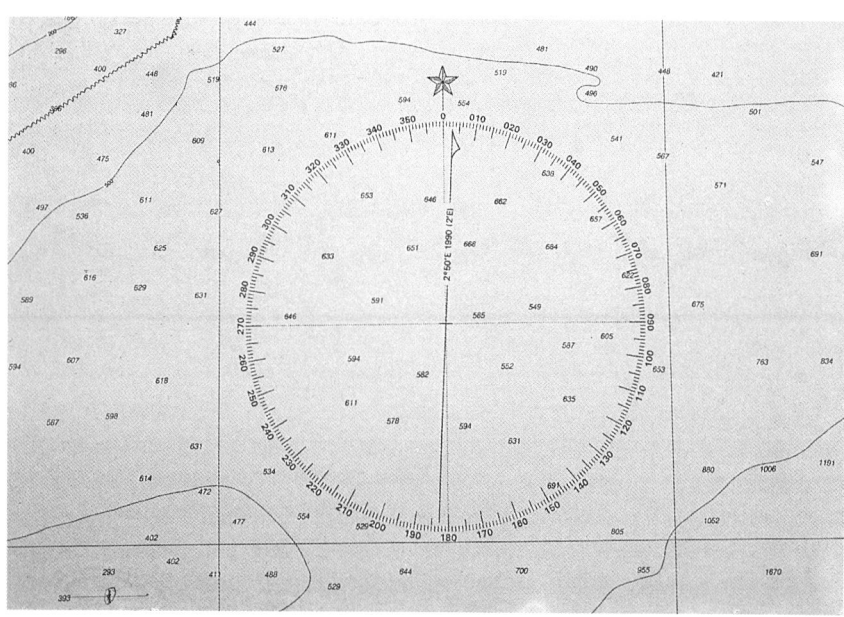

Abb. 20: Die Kompaßrose in der Seekarte dient vor allem der Angabe der Mißweisung. Hier beträgt sie weniger als 3° E.

Eine nennenswerte Deviation (Ablenkung durch Metallteile neben dem Kompaß) ist bei den heutigen Kunststoff-Yachten nahezu niemals vorhanden, ein fachgerechter Einbau des Kompasses vorausgesetzt. Der Kartenkurs muß also nicht mehr um die Deviation korrigiert werden.

Jeder GPS-Empfänger ist in der Lage den mißweisenden Kurs (das ist der rechtweisende Kurs um die Mißweisung verbessert) zum vorher eingegebenen Wegpunkt direkt anzuzeigen, so daß dieser Wert auch gesteuert werden kann. Ob letztlich die Wegpunktmethode oder die Kartendreieckmethode zur Bestimmung des Kurses gewählt wird, wird von den persönlichen Eigenarten des Navigators, mehr noch aber vom Tastenfeld des GPS-Empfängers abhängen.

Jeder GPS-Empfänger hat die Möglichkeit, Wegpunkte zu übernehmen und zu speichern, also zu behalten, auch dann, wenn das Gerät ausgeschaltet wird. Es spielt hierbei keine große Rolle, ob der GPS-Empfänger bis zu 1000 Wegpunkte übernehmen oder ob er »nur« mit 10 Wegpunkten arbeiten kann, denn in der Praxis wird der Navigator nicht mit einer großen Anzahl von Wegpunkten arbeiten können, weil allzuleicht die Übersicht verlorengeht.

Die Hersteller moderner elektronischer Geräte befinden sich heute in einer Zwickmühle. Dem Benutzer werden eine Unzahl von Funktionen dank der Leistungsfähigkeit der modernen Chip-Technik zur Verfügung gestellt, die er sich in den vergangenen Jahrzehnten nur hat erträumen können. Gleichzeitig wird der Verbraucher aber durch das Leistungsangebot regelrecht erschlagen. Meist zu Unrecht hat nun der Navigator bei der großen Anzahl von Knöpfen und Tasten das Gefühl, er würde durch das Gerät überfordert. Um ihn nicht von vornherein durch Dutzende von Knöpfen und Tasten kopfscheu zu machen, ist es in den letzten Jahren allgemeine Herstellerphilosophie geworden, mit möglichst wenig Schaltern, Tasten und Knöpfe auszukommen. Der Navigator soll das Gefühl haben, es handle sich um ein einfachst zu bedienendes Gerät, das keine besonderen Fertigkeiten voraussetzt. Andererseits kann es sich kein Hersteller leisten, ein tatsächlich simpel ausgestattetes Gerät auf den Markt zu bringen. Denn der gleiche Verbraucher, der ob der zahlreichen Bedienungselemente unter dem Display des GPS-Gerätes die Hände über den Kopf zusammenschlägt, verlangt bei der Auswahl eines Gerätes, daß dieses über alle Fertigkeiten verfügt, von denen er jemals gehört hat.

Das Ergebnis sind Mehr- und Vielfachbelegungen von Tasten und

Knöpfen. Diese sind – nach Meinung des Autors – Irrwege auf der Suche nach mehr Bedienungsfreundlichkeit.

Es leuchtet ein, daß beim Vorhandensein von 10 Zifferntasten, dazu vielleicht noch 4 Funktionstasten, oder wenn gar Zifferntasten ganz fehlen, die Eingabe von Wegpunkten mit zweimal fünf- oder sechsstelligen Zahlen und einem Namen von zehn Buchstaben außerordentlich mühselig ist. Besteht aber nicht mal die Möglichkeit, Wegpunkte auch mit Buchstaben, also mit einem Namen (»ENDTONNE«) zu bezeichnen, verbleibt es also bei einer durchgehenden Numerierung der Wegpunkte, so ist dies wegen der Übersichtlichkeit nur bei einer geringen Anzahl von Wegpunkten möglich.

Es ist sicher nicht verkehrt, auf die Eingabemöglichkeit für Wegpunkte schon beim Kauf eines Gerätes zu schielen. Daß unter Umständen die Möglichkeit, bis zu 1000 Wegpunkte in ein tragbares Geräte zu stauen, in der Praxis dann bedeutungslos werden kann, leuchtet ein.

Die Möglichkeit, mit Wegpunkten direkt im Gerät zu navigieren, ist von größter Bedeutung. Denn hat der Benutzer einen einmal eingegebenen Wegpunkt als nächstes Ziel deklariert, so zeigt ihm der GPS-Empfänger neben der Position und der Geschwindigkeit fortwährend den Kurs zu diesem Wegpunkt an. Das von einigen als mühselig empfundene Herauslesen von Kursen aus der Seekarte entfällt, denn der Navigator wird ja den jeweiligen Kurs zum Ziel-Wegpunkt an der Anzeige des GPS-Empfängers ablesen.

Der Hauptvorteil der Navigation mit Wegpunkten besteht darin, daß die Fehlermöglichkeiten äußerst gering sind, wenn einmal die Wegpunkte richtig in den GPS-Empfänger eingetippt worden sind. Sind allerdings hierbei Fehler gemacht worden, dann sind sämtliche Richtungsanzeigen zum Wegpunkt falsch. Also lieber einmal mehr überprüfen.

Der Autor würde sich immer für die Wegpunktnavigation entscheiden, weil nach dem einmaligen mühseligen Eingeben des Wegpunktes die Navigation daraufhin außerordentlich flexibel und wenig fehleranfällig ist.

Wer sich mit dieser Art der Navigation angefreundet hat, wird aber nur dann an Bord zufriedenstellend und sicher arbeiten können, wenn er sich bereits zu Hause mit der Bedienung seines GPS-Gerätes vertraut gemacht hat. Dazu gehört nicht nur, daß er weiß, wie das Gerät die GPS-Position anzeigt oder wie Maßeinheiten eingestellt werden, sondern in erster Linie der Umgang und die Eingabe von Wegpunkten. Er darf sich auch nicht darauf verlassen, daß er bereits daheim bei der Törnvorbereitung alle Eventualitäten berücksichtigt, also alle notwendigen Wegpunkte in das GPS-Gerät eingegeben hat. Praktische Navigation erfordert immer wieder das Fertigwerden mit neuen Situationen. Wer garantiert dem Navigator denn schon, daß er gerade den geplanten Weg bei seinem Törn auch nehmen kann? Ist es nicht möglich, daß beispielsweise durch schlechtes Wetter die ganze Törnplanung über den Haufen geworfen wird? Dann muß der Navigator auch unter schlechten Bedingungen (Sturm, Seekrankheit) in der Lage sein, sein GPS-Gerät sicher zu bedienen. Er muß schnell und fehlerfrei bestimmte Punkte aus der Karte herausmessen und die mit einem eventuell recht dürftigen Tastenfeld in das GPS-Gerät eintippen können. Hat er es zu Hause nicht geübt, dann kann er an Bord im Streß sicher nicht Wegpunkte fehlerfrei eingeben.

13. Geschwindigkeits- anzeige am GPS

Als die ersten GPS-Empfänger auftauchten, war es faszinierend, sie auch quasi als Speedometer (als Logge sowieso) zu benutzen. Auf Zehntelknoten genau war die Geschwindigkeit abzulesen, ohne daß vom GPS-Gerät eine biegsame Welle ins Wasser geführt hätte, oder daß wie bei den altehrwürdigen Walker-Loggen eine Leine nachgeschleppt worden wäre, an deren Ende sich ein Propeller drehte (der gelegentlich von Haien abgefressen wurde).

Als ich zum ersten Male ein GPS in Aktion sah und wie verzaubert fortlaufend die Geschwindigkeit auf dem Display ablas, war mein erster Gedanke, daß die Logge mit ihrem Geber am Unterwasserschiff und dem dadurch notwendigen Borddurchbruch überholt sei, künftig also ersatzlos gestrichen werden konnte.

Ähnliche Gedanken hatten viele, als sie zum ersten Mal den gesegelten Kurs digital an ihrem GPS-Empfänger ablasen und daraufhin den

Abb. 21: Das ist alles, was ein Navigator braucht: Kurs und Geschwindigkeit über Grund, Entfernung und Peilung zum Ziel.

Steuerkompoß für entbehrlich hielten. Der ursprüngliche Optimismus ist Zurückhaltung in dieser Frage gewichen.

Wie die meisten GPS-Benutzer zwischenzeitlich festgestellt haben, gibt die Geschwindigkeitsanzeige des GPS häufig zu optimistische Werte an. Außerdem schwanken gelegentlich diese Werte so stark, daß sie nicht mit wechselnder Schiffsgeschwindigkeit erklärt werden können.

Die Ursache für diese vermeintliche Ungenauigkeit liegt auf der Hand:

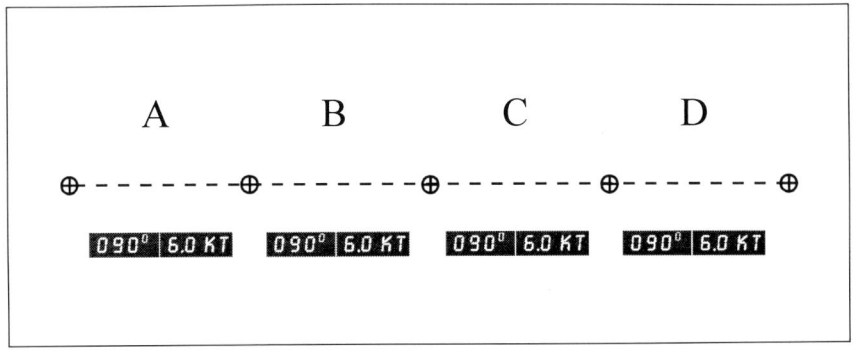

Abb. 22: Wenn eine Yacht genau 90° mit gleichbleibender Geschwindigkeit segelt und das GPS keine Fehler in der Positionsbestimmung macht, sind die Teilstrecken A, B, C und D jeweils gleich lang und haben gleiche Richtung, so daß das GPS aus Richtung und Länge der Teilstrecken immer den gleichen Kurs und gleiche Geschwindigkeit errechnet.

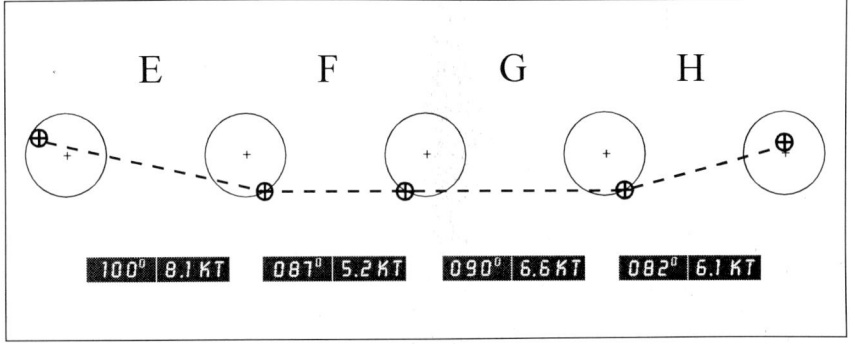

Abb. 23: GPS streut ein paar hundert Meter (Kreis). Somit ergeben sich längere und kürzere Teilstrecken (E, F, G, H) und das GPS kommt deshalb zu unterschiedlichen Geschwindigkeits-und Kursangaben, obwohl die Yacht immer noch mit exakt 6 Knoten nach Osten segelt.

Das GPS-System kann letztlich nichts anderes, als – großartig genug – die genaue Position zu bestimmen. Die Geschwindigkeit des Schiffes errechnet das System nunmehr durch den Vergleich von hintereinanderliegenden Positionen. Je nach Wiederholgeschwindigkeit der Positionsbestimmung werden diese Rechnungen – intern – in zum Teil sehr kurzen Zeitabständen durchgeführt. Wie schon dargelegt, kann die GPS-Position in der Praxis in Größenordnungen von mehreren 100 m ungenau sein. Wenn nun aus der Entfernung der beiden letzten Positionen zueinander und der dazwischen vergangenen Zeit die Geschwindigkeit des Schiffes errechnet wird, so können sich Fehler von wenigen Metern dergestalt bemerkbar machen, daß eben eine ungenaue Geschwindigkeit errechnet wird, weil eine der Positionen, bzw. beide Positionen, ebenfalls ungenau waren. Je länger die Zeit zwischen beiden Positionen und je höher die Schiffsgeschwindigkeit, um so genauer würde die Geschwindigkeitsberechnung. Mit nahezu jedem GPS-Empfänger kann dieser Fehler in der Geschwindigkeit leicht dadurch rekonstruiert werden, indem man ihn in einem Auto mitnimmt und an eine Ampel heranfährt. Selbst wenn das Fahrzeug bereits steht, also die Geschwindigkeit »Null« ist, zeigt der GPS-Empfänger (bei vielen Typen) noch lange nicht eine Geschwindigkeit von »0 Knoten« an, sondern erreicht den Stillstand auf dem Display nach einigen Sekunden – wenn überhaupt!

Zahlreiche GPS-Empfänger versuchen nun intern solche scheinbaren Fehler in der Geschwindigkeitsanzeige herauszurechnen, zumin-

WEGP.	UTC	POSITION	SM	FüG	KüG	ACCSM	DATUM	NOTIZ
GP0001	15:52:33	----------------------	----	----	---°	0	29-10-94	
GP0002	15:53:57	36°36.70'N/21°42.74'E	0.09	7.1	127°	0	29-10-94	
GP0003	15:54:11	36°36.65'N/21°42.84'E	0.10	6.8	128°	0	29-10-94	
GP0004	15:57:14	36°36.37'N/21°43.16'E	0.39	7.7	135°	1	29-10-94	
GP0005	16:00:20	36°36.06'N/21°43.57'E	0.45	8.0	127°	1	29-10-94	
GP0006	16:03:23	36°35.79'N/21°43.96'E	0.41	8.5	131°	1	29-10-94	
GP0007	16:06:31	36°35.51'N/21°44.35'E	0.42	7.5	129°	2	29-10-94	
GP0008	16:09:34	36°35.28'N/21°44.73'E	0.38	7.8	127°	2	29-10-94	
GP0009	16:12:34	36°35.04'N/21°45.14'E	0.40	7.6	121°	3	29-10-94	
GP0010	16:15:35	36°34.79'N/21°45.51'E	0.39	8.4	139°	3	29-10-94	
GP0011	16:18:35	36°34.51'N/21°45.91'E	0.42	7.8	121°	3	29-10-94	
GP0012	16:21:39	36°34.25'N/21°46.24'E	0.38	8.2	131°	4	29-10-94	
GP0013	16:24:42	36°33.96'N/21°46.69'E	0.46	9.2	136°	4	29-10-94	
GP0014	16:27:44	36°33.76'N/21°47.04'E	0.35	8.3	127°	5	29-10-94	
GP0015	16:30:47	36°33.50'N/21°47.43'E	0.40	6.1	124°	5	29-10-94	

Abb. 24: Protokoll von GPS-Anzeigen in Drei-Minuten-Abständen, während die Yacht unter Maschine gleichmäßig mit 7.0 Knoten auf einem Kurs von 130° läuft. Die Anzeigen am GPS schwanken zwischen 121° und 139° sowie zwischen 6.1 und 9.2 Knoten.

dest die gröberen Sprünge zu glätten. Daß dies nur der Optik dient, liegt auf der Hand.

Nachdem aber bei funktionierendem GPS-Gerät die Frage nach der genauen Geschwindigkeit für die Navigation unbedeutend geworden ist, stellt dies keinen entscheidenden Nachteil des GPS-Systems dar. Um die ungefähre Ankunftszeit auszurechnen, reicht es allemal.

Falls sich jemand für die persönliche Meinung des Autors interessiert: Wenn ich ein neues Schiff auszurüsten hätte, würde ich auf Logge und Speedometer verzichten, dank GPS.

14. Kursanzeige am GPS

Ganz sicher macht GPS den herkömmlichen Magnetkompaß nicht überflüssig. Abgesehen davon, daß bei der Kursanzeige auf dem GPS ähnliche Bedenken wegen der Genauigkeit wie bei der Geschwindigkeitsanzeige gelten. Wie bei der Geschwindigkeitsanzeige werden Kurse dann präziser angegeben, wenn sich die Geschwindigkeit der Yacht erhöht. Allerdings sind Fehlanzeigen beim Kurs nicht so dramatisch, weil es in der Praxis keine nennenswerten Auswirkungen hat, wenn zum Beispiel statt 182° eben 188° angezeigt werden. Im Extremfall, und das ist typisch für das GPS-System, werden Kurse auch bei »Geschwindigkeit Null« angegeben. Selbstverständlich haben diese Kursanzeigen nichts damit zu tun, in welcher Richtung die Yacht gerade liegt. Schon dieser Sonderfall zeigt, daß der Magnetkompaß nicht ersetzbar ist.

Doch hat die Kursanzeige am GPS einen anderen großen Vorteil. Während am Kompaß immer der Kurs angezeigt wird, den die Yacht »durchs Wasser« zurücklegt, zeigt das GPS den Kurs an, den die Yacht »über Grund« segelt. In stromlosen Gewässern unter Maschine müßten beide Kurse identisch sein, ja man kann bei dieser Gelegenheit sogar beurteilen, ob auf der Yacht Deviation, also Ablenkung des Kompasses auf Grund von Metallteilen, herrscht. Hierbei darf man sich nicht damit begnügen, dies auf einem Kurs zu überprüfen, sondern man sollte bei ruhigem Wasser den Kurs ganz allmählich um jeweils 10 Grad ändern, wobei man wegen des Schleppfehlers des Kompasses für eine kurze Zeit auf diesem Kurs bleibt, bis man einen großzügigen Kreis gefahren hat.

Ist die Mißweisung in diesem Gewässer nennenswert (größer als zwei Grad), was man in der Seekarte nachlesen kann, stellt man am GPS sicher, daß auch dort der mißweisende Kurs (meistens heißt er »magnetic heading«) angezeigt wird und nicht der rechtweisende Kurs (»true heading«). An den meisten GPS-Empfängern lassen sich beide Alternativen anwählen. Ansonsten muß der vorhandene Unterschied rechnerisch berücksichtigt werden. Ein Menge Aufschlüsse über die Deviation erhält man schon, wenn berücksichtigt wird:

> Die Mißweisung bleibt auf allen Kursen gleich!
> Die Deviation ändert sich – je nach Kurs – sinusförmig!

Einfach gesagt: Wechselnde Unterschiede gegenüber dem Kompaßkurs, die nicht auf GPS-Fehlanzeigen zurückgeführt werden können, weisen auf eine deutliche Deviation. In diesem – auf Kunststoffschiffen wegen der fehlenden Metallteile seltenen – Fall sollte nach den Regeln der Seemannschaft eine Deviationstabelle erstellt werden, oder es muß ein Kompaßkompensierer der Sache auf den Grund gehen, und, wenn die Deviation drei Grad überschreitet, den Kompaß kompensieren.

Unabhängig von Deviation und Mißweisung werden sich schon bei Am-Wind-Kursen unter Segel Abweichungen ergeben, die daraus resultieren, daß die Yacht den Kurs, der anliegt, wegen der Abtrift nicht segeln kann.

Auf den meisten GPS-Empfängern wird der Kurs, den die Yacht tatsächlich zurücklegt, als »Track« bezeichnet. Mit der Anzeige des Tracks läßt sich vor allem in Stromgewässern etwas erreichen, was mit herkömmlicher Navigation nur durch mühsames Konstruieren von Stromdreiecken und auch dann nur sehr unvollkommen zu erzielen war, nämlich einen vorgegebenen Kurs über Grund zu steuern. Mit einem GPS-Gerät ist dies ein Kinderspiel. Aus der Seekarte wird der Kurs rausgemessen, der zum nächsten Wegpunkt gesegelt werden muß. Am Kompaß wird sodann ungefähr dieser Kurs gesegelt *und* gegen die Richtung in der der Strom setzt um einen geschätzten Betrag entgegengehalten. Wenn also der Strom (wie sich aus Stromatlanten, Seehandbüchern etc. ergibt) nach Backbord setzt, wird ein Kurs gesteuert, der um etwa 20° mehr beträgt als aus der Karte herausgelesen. Am GPS läßt sich nun verfolgen, ob auch nun der gewünschte Kurs angezeigt wird. Je nachdem kann dann »nach Gefühl« mehr oder weniger Vorhalt gewählt werden.

Es wäre in diesem Zusammenhang unnötig, den Strom auszurechnen (was möglich wäre), denn derartige Rechnungen lassen sich nur für den Strom in der Vergangenheit durchführen. Tatsächlich aber ist der Strom niemals eine gleichmäßige Konstante, sondern er wechselt nach Richtung und Stärke reichlich unregelmäßig. So bleibt als beste (und einfachste) Methode, »nach Gefühl« vorzuhalten.

Mit zunehmender Erfahrung wird der Navigator natürlich treffsicherer. Referenz bleibt aber immer der gute Magnetkompaß, schon aus dem Grunde, weil er praktisch trägheitslos jede Kursänderung anzeigt und insbesondere, wie üblich bei Analoginstrumenten, auch die Drehtendenz frühzeitig erkennen läßt – übrigens ganz im Gegensatz zur Ziffernanzeige des GPS-Gerätes.

15. Navigation mit Kursabweichungs-Anzeiger (CDI)

Mit Hilfe von GPS kann man heute von einer anspruchsvollen Navigation verlangen, daß das Ziel nicht nur irgendwie erreicht wird, sondern exakt auf einem vorbestimmten Kurs. Größte Bedeutung hat eine derartige Navigation dann, wenn in der Nähe von Gefahrenstellen navigiert wird oder wenn es gilt, sicher durch enge Fahrwasser zu segeln (Abb. 25).

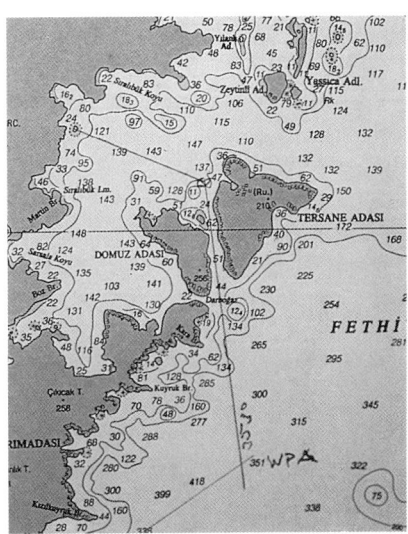

Abb. 25

In diesem Fall wäre es fatal, sich damit zu begnügen, den nächsten Wegpunkt auf einem beliebigen Kurs zu erreichen. Denn der Gesamtkurs ist ja vom Navigator bewußt festgelegt worden, um eben diesen Gefahrenstellen aus dem Weg zu gehen. Wie gezeigt, kann dies nur dann funktionieren, wenn gleichzeitig der gesteuerte Kompaßkurs und die Kursanzeige am GPS fortlaufend beobachtet wird. Allerdings ist Erfahrung nötig, um aus dem Vergleich vom Kompaßkurs zum Track die entsprechenden Rückschlüsse auf notwendige Kursänderungen ziehen zu können. Genauer und einfacher kann so anspruchsvoll navigiert werden, wenn der GPS-Empfänger zusätzlich über ein CDI verfügt, also einen »Course Deviation Indicator«.

Die Navigation mittels CDI ist seit vielen Jahrzehnten in der Luftfahrt weltweit Standard. Da aber die in der Luftfahrt verwendete Elektronik schon immer etwas weiterentwikkelter war, konnte nur dort eine derartige Navigationsmethode aufgrund der überlegenen elektronischen Instrumente durchgeführt werden. Für die Seenavigation hat es derartige Möglichkeiten vor Loran C und DECCA nicht gegeben. Nun aber steht uns mit GPS ein Navigationsverfahren zur Verfügung, mit dessen Hilfe auch auf See genauso anspruchsvoll navigiert werden kann.

Der Vorteil liegt auf der Hand: Die Yacht erreicht auf dem gewünschten und damit kürzesten Weg ihr Ziel. Es ist gewährleistet, daß nicht nur die vorher ausgewählten Wegpunkte erreicht, sondern daß die Wegpunkte auf vorbestimmten Kursen angesegelt werden. Damit werden auch zuverlässig Gefahrenstellen umschifft.

Deshalb sollte jeder Navigator, der nicht nur ankommen möchte, sondern die Vorteile von GPS zugunsten einer sicheren und sauberen Navigation ausnutzen will, sich für einen GPS-Empfänger entscheiden, der über ein CDI verfügt. Eine solche Anzeigemöglichkeit haben heute schon zahlreiche GPS-Empfänger. In Zukunft wird jedes dieser Geräte über ein CDI verfügen.

Früher, noch zu GPS-loser Zeit, reichte es aus, das Ziel oder die jeweiligen Wegpunkte »irgendwie« zu erreichen. Ein Navigator, der etwas auf sich hält, sollte sich damit heute allerdings nicht mehr zufriedengeben, sondern auf jeden Fall danach streben, eine Strecke zum Zielhafen nach genau festgelegten Kursen zu erreichen. Vergleichbar mit der Berufsfliegerei, wo weltweit verlangt wird, daß jeder Pilot gewisse Luftstraßen einhält. In Luft- und Seefahrt spricht man hierbei von »tracking«.

Hinter derartigen Prinzipien in der Navigation der Seefahrt stehen nicht nur Sicherheitsaspekte (Vermeidung von Querversatz auf Untiefen etc.), sondern es wird auch gewährleistet, daß das Ziel nicht nur auf dem sichersten Kurs, sondern auf dem kürzesten Weg erreicht wird. Zeitersparnis ist ein angenehmer Nebeneffekt bei dieser Navigation nach genau festgelegten Kursen.

Kurz gesagt, eine Kursabweichungsanzeige gewährleistet also, daß das Ziel auf einem ganz bestimmten Kurs angelaufen wird.

Geradezu gegenteilig funktioniert das »homing«, das in Zeiten der Funkpeilung geübt wurde. Man hat damals fortwährend mit dem Funkpeiler ein Funkfeuer angepeilt und ist dieser Peilung nachgesegelt. Wurde hierbei das Schiff seitlich versetzt (durch Strom oder Abdrift), so segelte das Schiff keine Gerade auf das Ziel, sondern eine Kurve. Treffenderweise wurde diese Kurve als »Hundekurve« bezeichnet, weil Hunde – anders als Wasservögel – beim Durchschwimmen eines Flusses nicht in der Lage sind, einen Vorhalt für den

Strom von der Seite zu berücksichtigen, andererseits aber am anderen Ufer trotzdem einen ganz bestimmten Punkt erreichen. Deshalb werden sie mit dem Strom abgetrieben und ändern fortlaufend ihre Schwimmrichtung, so daß sie am Ende der Flußüberquerung schließlich nahezu in den Strom schwimmen, um endlich am anderen Ufer dort herauszukommen, wo sie eigentlich hinwollten.

Zu Zeiten der Funkpeilung hatte man keine bequeme Möglichkeit, eine solche »Hundekurve« zu vermeiden. Mit Hilfe eines CDI's ist es aber kinderleicht.

Während in der Fliegerei sich ein gewisser Standard herausgebildet hat, wie ein CDI auszusehen hat (so daß jeder Pilot in jeder Maschine danach steuern kann), sind wir in der Seenavigation noch weit davon entfernt. Jeder GPS-Hersteller läßt sich hier von eigenen Ideen leiten, häufig beschränkt durch die Größe des Displays des jeweiligen GPS-Gerätes. Trotzdem haben alle CDI's eines gemein:

Zu einem Kursabweichungsanzeiger gehören immer vier Anzeigen:
1. Eine vom Benutzer frei einstellbare Kursanzeige, auf dem zum Zielwegpunkt oder vom Wegpunkt weggesegelt werden soll.
2. Eine Anzeige »ZUM« oder »VOM« Wegpunkt – kann auch als Pfeil dargestellt sein.
3. Eine »Nadel«, die anzeigt, ob das Schiff sich genau auf der eingestellten Kurslinie befindet oder eben daneben.
4. Eine Skala, die angibt, um wieviele Seemeilen oder wieviele Grade sich das Schiff von der gewünschten Kurslinie entfernt hat.

Abb. 26: Auf diesem Handgerät GARMIN GPS38 stellt die unterste Displayzeile den Cours Deviation Indicator (CDI) dar.

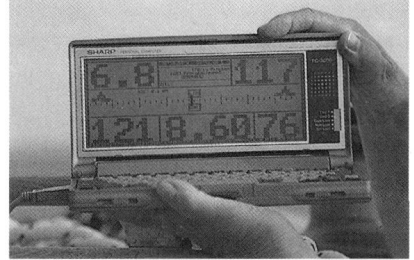

Abb. 27: CDI (mittlere Zeile) in einem GPS-Computerprogramm mit GPS-Informationen über die serielle Schnittstelle.

Abb. 28: Hier ist ein Kursabweichungsanzeiger als dreidimensionale Grafik dargestellt – alles nur Gewöhnungssache.

Eine Anmerkung zu Punkt 1: Auf einer Reihe von Empfängern kann der gewünschte Kurs, oft bezeichnet auch als »BRG« (bearing = Peilung zum Zielpunkt), nicht direkt eingestellt werden. In diesen Fällen besteht die Möglichkeit, den gewünschten Kurs dadurch einzustellen, daß ein Wegpunkt als »FROM-Station« eingegeben wird, der auf dem gewünschten Kurs, vom Wegpunkt aus gesehen hinter der aktuellen Position liegt. Dies scheint umständlich zu sein, ist aber in der Praxis lediglich eine Frage der Gewöhnung. Arbeitet man ohnehin mit Routen, was die meisten Empfänger anbieten, dann ist diese Möglichkeit sogar ebenso bequem wie die direkte Eingabe des gewünschten Kurses.

Wenn beispielsweise vom Navigator an der Kursanzeige ein Kurs zum Zielwegpunkt von 320° eingestellt worden ist, sich die Nadel in der Mitte der Skala befindet und gleichzeitig die »ZUM«-Anzeige (im Englischen wird von »TO« und von »FROM« gesprochen) erscheint, dann bedeutet dies, daß sich das Schiff im Moment genau auf einer Kurslinie von 320° zum Zielwegpunkt befindet. Steht die Nadel nicht in der Mitte, dann bedeutet dies, daß sich das Schiff nicht auf der Kurslinie von 320° zum Zielwegpunkt befindet.

Dies scheint alles ganz einfach und einleuchtend zu sein. In der Praxis ergeben sich jedoch aus der Systematik des CDI's heraus einige kleine Schwierigkeiten, die den Anfänger häufig verwirren und ihn leider auch oft davon abbringen, sich des CDI's zu bedienen. Das ist schade, denn ein derartiges Instrument ist außerordentlich wirkungsvoll und, wenn man sich ein wenig mit der Systematik beschäftigt, auch einfach und effektiv zu bedienen. Für den Könner gibt es kein aussagekräftigeres Navigationsinstrument auf dem gesamten Schiff.

Die größten Mißverständnisse ergeben sich aus der TO-Anzeige und aus der FROM-Anzeige. Obiges

Beispiel mag dieses erklären: die TO- oder die FROM-Anzeige sagen nichts über den derzeitigen Kurs der Yacht aus. Die Yacht befindet sich exakt auf der Kurslinie von 320° zum Ziel. Sie segelt am Kompaß (Mißweisung und Deviation unberücksichtigt) ebenfalls 320°, was aber, und das ist wichtig, nicht unbedingt stimmen muß, wie die Fortführung des Beispiels zeigt.

Angenommen, der Wind läßt nach, die Yacht treibt auf einem Kurs von 320° aus, bis sie schließlich in der Flaute zum Stillstand kommt. Herrscht kein Strom, so wird die Anzeige unverrückbar weiter auf »TO« und »Nadel in der Mitte« lauten. Wenn die Yacht nun dümpelt und langsam auf der Stelle im Kreise dreht, so wird der Kompaß selbstverständlich sämtliche Grade überstreichen, ohne daß sich aber hierbei die Anzeige des CDI-Instruments ändert. Denn die Yacht hat sich seitlich ja von der Kurslinie 320° nicht im geringsten entfernt. Würde der Skipper es sich anders überlegen und den Zielwegpunkt nicht mehr ansteuern, sondern zurücksegeln wollen, so würde auch dann die Anzeige so lange stehenbleiben, bis er sich von der 320° Linie seitlich entfernt.

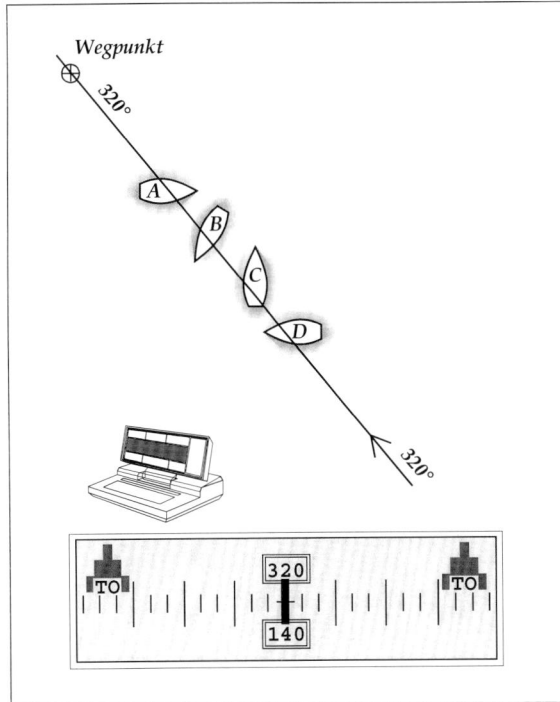

Abb. 29: Für die CDI-Anzeige ist der Kurs des Schiffes unerheblich. Die Yachten A, B, C und D fahren alle in verschiedene Richtungen. Trotzdem haben sie alle die gleiche CDI-Anzeige (s. unten), weil sich alle auf der 320°-Richtung zum Wegpunkt befinden. Dies gilt freilich nur dann, wenn die Yachten auch die 320°-Richtung an ihrem GPS eingestellt haben.

Würde die Yacht nach der Flaute die Fahrt wieder aufnehmen und ihr Vorhaben weiterverfolgen, so würde weiter bei gleichzeitiger TO-Anzeige die Nadel in der Mitte stehen – solange sich die Yacht auf der 320-Grad-Linie zum Ziel befindet und das Ziel noch nicht erreicht hat. Angenommen, es handelt sich hierbei um eine Tonne, die nach einer gewissen Zeit erreicht, ja passiert wird und der Skipper würde gleicher Richtung weiterfahren, also auf einer 320-Grad-Linie, die in der Seekarte über die Tonne verläuft, so würde im Moment des Passierens der Tonne die TO-Anzeige auf die FROM-Anzeige umspringen.

Die TO- und die FROM-Anzeige hängen ausschließlich vom eingestellten Soll-Kurs und von der Position der Yacht im Vergleich zum Wegpunkt ab, niemals aber vom gerade am Kompaß anliegenden Kurs.

Hält sich der Navigator diesen Umstand nicht immer und immer wieder vor Augen, so kommt er leicht zu ganz gefährlichen Fehlinterpretationen.

Verbleiben wir beim Beispiel der in der Flaute auf der 320-Grad-Richtung zum Wegpunkt befindlichen Yacht, des eingestellten Soll-Kurses zum Wegpunkt von 320° und der TO-Anzeige: Wie gesagt, es bleibt bei dieser Einstellung, solange die Yacht sich nicht vom Fleck rührt, gleichgültig in welcher Richtung ihr Bug schaut. Würde allerdings der Navigator nunmehr den eingestellten Soll-Kurs von 320° abändern und nur mal versuchsweise den Gegenkurs von 140° (320° minus 180°) einstellen, so wäre die Nadel immer noch in der Skalenmitte, denn die Yacht befindet sich ja nicht nur auf der 320-Grad-Linie, sondern auch auf der 140-Grad-Linie, die die Position der Yacht und den Wegpunkt verbindet.

Man ahnt natürlich schon, was sich ändern wird: Es ist die TO-Anzeige die verschwindet und von der FROM-Anzeige abgelöst wird. Dies alles ist sehr logisch und trotzdem: Es wäre töricht zu leugnen, der eine oder andere Navigator, selbst mit gesundem Menschenverstand, wäre durch das bisher Gesagte nicht verwirrt. Jeder hat nun zwei Möglichkeiten: Entweder er verinnerlicht sich die Logik des CDI's, wie sie bis jetzt geschildert wurde oder er arbeitet mit Eselsbrücken, was letztlich für die meisten von uns, die nicht tagtäglich mit Zahlen und Rechner umgehen, erheblich sicherer ist. Der Navigator, der auf diese Art und Weise auf Nummer Sicher gehen möchte, braucht nur ein paar Regeln zu befolgen:

1. Soll ein Wegpunkt auf einem vorher genau bestimmten Kurs angesteuert werden, so muß:
   a) die TO-Anzeige sichtbar sein,
   b) der gewünschte Kurs eingestellt sein,
   c) so gesteuert werden, daß die Nadel immer in der Mitte bleibt.

2. Soll ein Wegpunkt auf einer ganz bestimmten Richtung verlassen werden, so muß:
   a) die FROM-Anzeige erscheinen,
   b) der Soll-Kurs vom Wegpunkt weg eingestellt werden,
   c) so gesteuert werden, daß die Nadel immer in der Mitte bleibt.

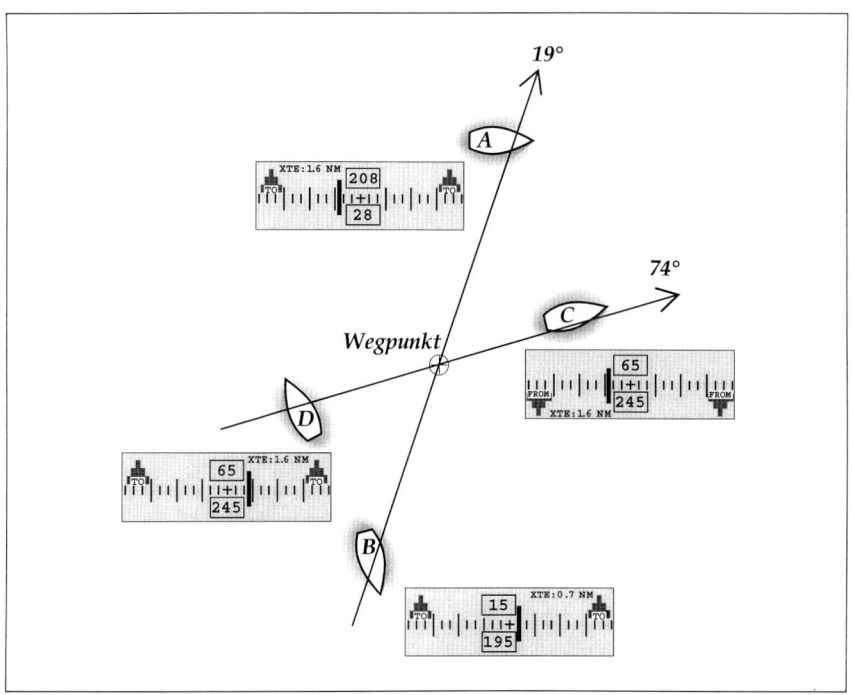

Abb. 30: Yacht A hat 208° eingedreht, befindet sich aber auf der 19°-Linie *zum* Wegpunkt. Yacht B befindet sich auf 19°, hat aber 15° als gewünschten Kurs zum Wegpunkt angewählt. Liegt also 4 Grad daneben. *Wenn* sie ab jetzt in Richtung Wegpunkt segeln *würde*, müßte sie nach Steuerbord halten, um auf den gewünschten Kurs von 15° zum Wegpunkt zu kommen. Yacht C hat 65° angewählt, der vom Wegpunkt wegführt. Deshalb auch die Anzeige »FROM«. Yacht D hat ebenfalls 65° angewählt, würde sich also auf dem Kurs dem Wegpunkt nähern, deshalb »TO«.

Merke: Die TO- oder FROM-Anzeige ist immer unabhängig von der Richtung, in die das Schiff zeigt.

Sinnvollerweise wird das CDI auf Yachten immer als Kommandogerät benutzt. Das heißt, das CDI gibt an, wie der Rudergänger reagieren muß, um den Zielwegpunkt auf dem gewünschten (und eingestellten) Soll-Kurs zu erreichen. Das CDI kann aber nur dann als Kommandogerät benutzt werden, wenn der Kurs *zum* jeweiligen Zielwegpunkt eingestellt ist und die TO-Anzeige erscheint oder der Kurs *vom* Wegpunkt eingegeben ist und die FROM-Anzeige erscheint. (Hier muß darauf hingewiesen werden, daß bei einigen Geräten nur die Möglichkeit besteht, zum Zielwegpunkt zu steuern. Ein echter Nachteil ist dies nicht, weil dies die ungleich häufigere Alternative ist. Bei einigen Empfängertypen, wird gleichzeitig mit dem angewählten (englisch: »desired«) Kurs – meist darunter – der Gegenkurs angezeigt, was unter Umständen eine Entscheidungshilfe darstellt, aber nicht unbedingt notwendig ist).

Ist dies berücksichtigt, so ist der Rest einfach. Steht die Nadel in der Skalenmitte und verharrt sie dort für längere Zeit, wandert also weder nach rechts oder nach links aus, so ist der von uns gesteuerte Kurs richtig, um uns auf der gewünschten Linie zum Ziel zu bringen. Wandert aber die Nadel nach einer Seite aus, so würde der Soll-Kurs nicht eingehalten und der Rudergänger muß entsprechend korrigieren. Auch hier hilft eine einfache Regel weiter:

– Wandert die Nadel nach rechts aus, so muß eine Kurskorrektur nach Steuerbord vorgenommen werden.
– Wandert die Nadel nach links aus, so muß eine Kurskorrektur nach Backbord vorgenommen werden.

Um wieviel die Kurskorrektur nun vorgenommen werden muß, läßt sich ganz allgemein nicht beantworten. Es kommt auch darauf an, ob die Skaleneinteilung in Graden oder in Meilen erfolgt. Bei vielen GPS-Geräten ist es sogar möglich, die »Spreizung« der Skala beliebig einzustellen.

Ist eine Skaleneinteilung in Graden erfolgt, so muß der Rudergänger berücksichtigen, daß mit Näherkommen an dem Wegpunkt die einzelnen Striche der Skala immer kleinere Versetzungen nach rechts oder links vom Soll-Kurs anzeigen. In der Navigation hat sich hier ein gewisser Standard herausgebildet, von dem aber der Benutzer eines einstellbaren GPS-Gerätes jederzeit nach eigenem Geschmack abweichen darf. Für den unerfahrenen GPS-Benutzer allerdings sollte es bei der Standardeinstellung bleiben:

Ein Skalenstrich sind 2°.

Zumindest sollte der Anfänger immer die gleiche Skaleneinteilung benutzen, damit er ein Gefühl für die vorzunehmenden Ruderkorrekturen und die »Trägheit« der Nadelbewegung bekommt.
Steht die Nadel bei der Standardeinstellung von 2° je Skalenstrich auf der Skala 5 Striche rechts, so bedeutet dies, daß die Yacht vom Soll-Kurs um 10° nach links versetzt ist, also eine Kursänderung nach rechts vorgenommen werden muß.
Dies läßt sich auch jederzeit am CDI dadurch ausprobieren, daß versuchsweise der eingestellte Kurs (s. obiges Beispiel) von 320° auf 330° abgeändert wird. Das Ergebnis sollte sein, daß nunmehr die Nadel in der Mitte steht.
In der Praxis wird man sofort wieder auf 320° zurückschalten, denn es ist ein beliebter Anfängerfehler, mit Hilfe der Soll-Kurseinstellung die Nadel immer wieder in die Mitte zu bringen, um den Zielwegpunkt zu erreichen. Dadurch wird gerade das erreicht, was der GPS-Navigator mit seinen großartigen Möglichkeiten vermeiden möchte, nämlich, wie in alten Funkpeilerzeiten das Ziel auf einer Hundekurve zu erreichen.
Angenommen: Der Navigator befindet sich auf einer Kurslinie zum Ziel von 320° und möchte dieses Ziel auch genau auf einem Track von 320° erreichen. In diesem Fall wird die Kurslinie mit 320° eingestellt, dann muß:
1. sich die Nadel in der Mitte befinden,
2. die TO-Anzeige erscheinen.
Ob das Schiff Versetzung zur Seite (Strom oder Abdrift) hat, weiß der Navigator in diesem Moment nicht. Er wird deshalb seinen Rudergänger einweisen, einen rechtweisenden Kurs von 320° zu steuern. In unseren Gewässern (da kaum Mißweisung) wird auf einer Kunststoffyacht (keine Deviation) der Rudergänger dann 320° am Kompaß steuern.
Bleibt die Nadel in der Mitte, so bedeutet dies, daß keine Versetzung besteht, daß also entweder Abdrift und Strom gleich null sind, oder aber daß sich Strom und Abdrift *zufällig* aufheben. In diesem Moment besteht kein Grund für irgendeine Kursänderung. Der Rudergänger wird weiterhin genau den Kurs halten, während der Navigator die Nadel beobachtet, wie diese in der Mitte verbleibt.
Dies dürfte auch der Regelfall sein, wenn eine Yacht beispielsweise unter Maschine gefahren wird.

Unter Segeln, vor allem, wenn der Wind ziemlich von vorne einkommt, wird der Navigator feststellen, daß sich die Nadel langsam aus der Mitte bewegt. Bei einer derartigen Navigation ist es empfehlenswert, daß der Navigator zwar nicht gerade an seinem GPS-Gerät hängt, doch aufmerksam die Bewegung der Nadel verfolgt. Verfestigt sich bei ihm der Eindruck, daß sich die Nadel kontinuierlich aus der Mitte heraus nach einer Seite bewegt, so bedeutet dies, daß der Rudergänger eben nicht in der Lage ist, einen rechtweisenden Kurs von 320° mit diesem Kompaßkurs zu steuern. Aus obigen Grundregeln wissen wir, daß es einfach ist, zu entscheiden, nach welcher Seite der Kurs geändert wird: Bewegt sich die Nadel nach rechts, so muß der Kurs nach Steuerbord geändert werden.

Hat sich die Nadel nur ganz allmählich nach rechts bewegt, so wird er den Rudergänger anweisen, z. B. einen 10° höheren Kurs zu steuern, also 330°. Wenn sich aber die Nadel sehr stark nach rechts bewegt, so bedeutet dies, daß der Rudergänger derzeit bei weitem nicht einen Kartenkurs von 320° steuert, so daß es empfehlenswert ist, gleich eine Kursänderung um 20 oder gar 30° vorzunehmen.

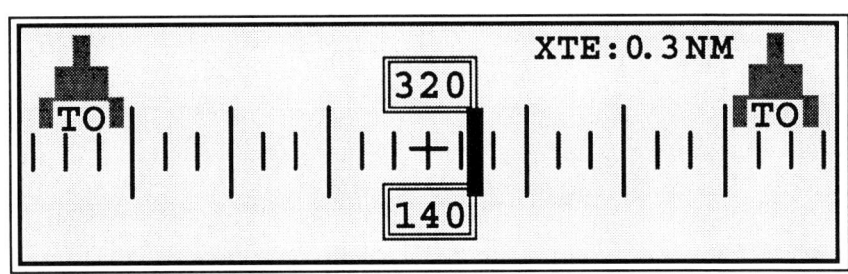

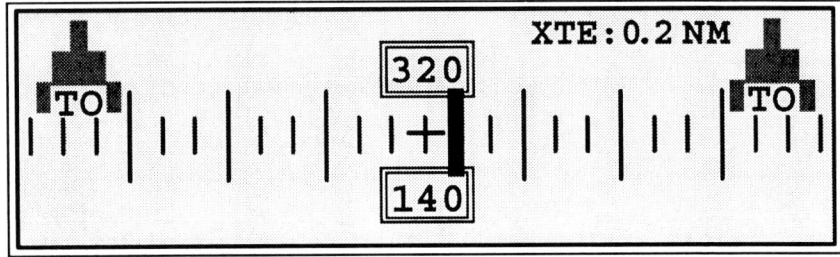

Abb. 31, Abb. 32: Nachdem der Rudergänger den gewünschten Kurs von 320 Grad direkt zum Ziel eingedreht hat und am Ruder auch 320 Grad steuert, beginnt die Nadel nach rechts zu wandern. Entsprechend der Regel »Nach Steuerbord halten!« steuert der Rudergänger sodann 325°.

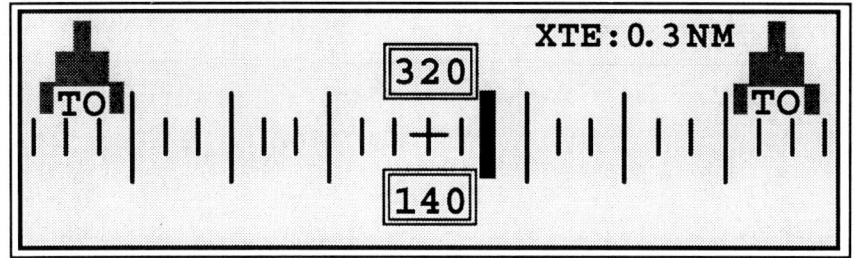

Abb. 33: 330° reichen offensichtlich nicht als Ausgleich für die Stromversetzung, weil die Nadel weiterwandert. Deshalb wird nunmehr ein Kurs von 340° gesteuert,...

Faustregeln können hier nicht gegeben werden. Der Navigator kann sich nur eigene Erfahrungswerte aneignen. Dies ist erheblich einfacher als man denkt, schon nach zwei oder drei Tagen Übung wird der Navigator in der Lage sein, in etwa die notwendige Kursänderung abzuschätzen.

Wenn also nun der Rudergänger angewiesen wurde, z. B. statt 320° 340° zu steuern, und wird beobachtet, daß die Nadel entweder ihre »Ablage« beibehält oder aber weiter auswandert, so bedeutet dies, daß die Kursänderung nicht ausreichend war. Man wird deshalb einen weiteren Betrag zugeben müssen, um die Nadel so weit zu bringen, daß sie zurückwandert.

Bewegt sie sich aber schon bei den 340° langsam zurück, so muß der Navigator eine neue Entscheidung bezüglich des Steuerkurses treffen, wenn die Nadel den Nullpunkt erreicht hat. Denn die dem Rudergänger vorgegebenen 340° haben ja nicht erreicht, daß die Nadel nunmehr auf dem Nullpunkt verharrt, – dort soll sie bleiben, um den Soll-Kurs von 320° zu laufen – sondern sie hat sich nunmehr nach links bewegt. Würden 340° weiter beibehalten, so würde sie bald den Nullpunkt überschreiten und nach links auswandern, was dann

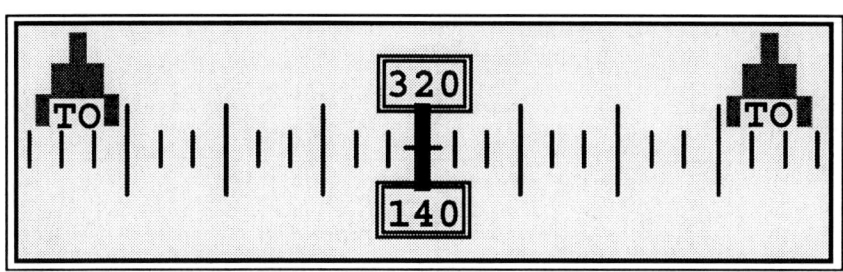

Abb. 34:...worauf die Nadel wieder zurückwandert.

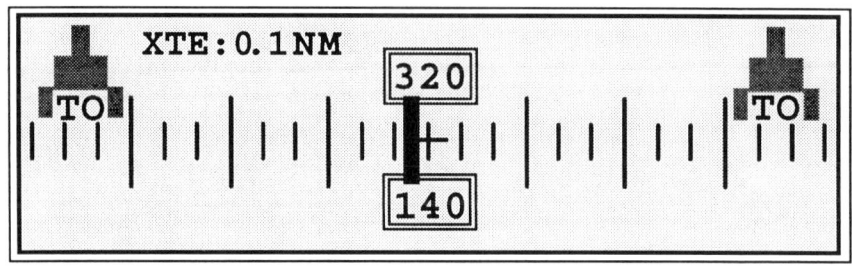

Abb. 35: Nunmehr muß ein »Mittelkurs« gefunden werden, um zu verhindern, daß die Nadel weiterwandert. 330° dürften richtig sein.

eine erneute Kursänderung nach Backbord erfordern würde, nur um die Nadel »einzufangen«.
»Über den Daumen gepeilt« wäre es in diesem Fall wohl richtig, dem Rudergänger nun einen Kurs von 330° vorzugeben.

Man wird in der Folge dann die Nadel weiter beobachten. Verharrt sie nach dieser Maßnahme in der Mitte, segelt die Yacht also wie gewünscht auf dem Soll-Kurs von 320°, so besteht zunächst kein Anlaß, den Kurs erneut zu ändern.

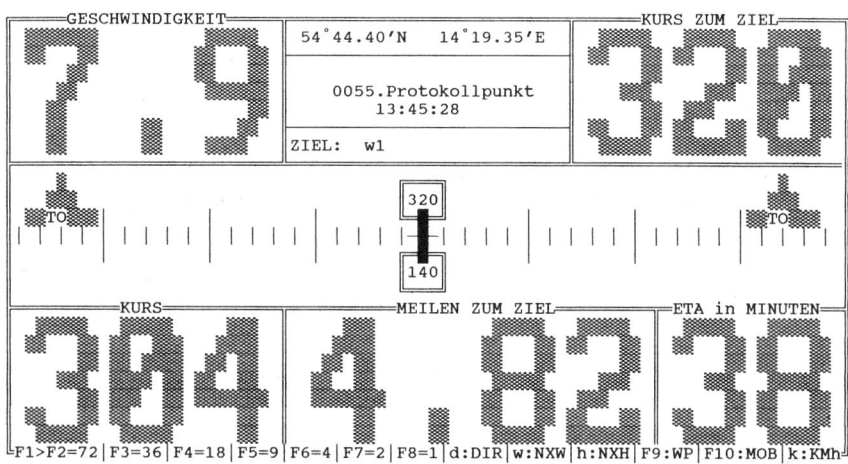

Abb. 36: So übersichtlich wird der Course Deviation Indicator (CDI) vom Computer, der an ein einfaches GPS angeschlossen ist, angeboten. Links oben: die Schiffsgeschwindigkeit, rechts oben der Kurs zum Ziel (BEARING). In der Mitte der eigentliche CDI mit dem angewählten (gewünschten) Kurs zum Ziel von 320°. Nachdem dieser identisch ist mit dem BEARING, muß die Nadel exakt in der Mitte stehen. Links unten der derzeitige Steuerkurs, daneben die Entfernung zum Ziel und rechts die voraussichtlichen Minuten zum Zielort.

Bleibt sie aber nicht in der Mitte, sondern wandert nach einer beliebigen Seite aus, diesmal erheblich langsamer, so wird eine weitere Kursänderung nötig.

Der Navigator, der sich mit dem CDI näher befaßt, wird feststellen, daß er sich sehr bald genügend Erfahrung angeeignet hat, um entsprechende Kursänderungen vorzunehmen.

Vorausgesetzt, jeder Skalenstrich bedeutet eine Abweichung von 2°, so zeigt die Stellung der Nadel auf der Skala unmittelbar an, um wieviel Grad sich der nunmehr gesegelte Kurs vom Soll-Kurs unterscheidet. Es bedarf keiner weiteren Erklärung, daß eine Abweichung von lediglich 2 Strich nach rechts nur bedeutet, daß sich die Yacht auf einem Soll-Kurs von 324° befindet, also nur unwesentlich vom Kurs abgewichen ist. Es hängt nun sehr davon ab, wie »haarscharf« der Navigator seine Kurse an Gefahrenstellen vorbeigelegt hat, um hier immer noch auf der sicheren Seite zu sein und entsprechend zu reagieren. Weiter ist entscheidend, wie nahe sich die Yacht bereits beim Ziel befindet. Auch dies läßt sich an der Schnelligkeit des Auswanderns der Nadel grob beurteilen. Befindet sich die Yacht schon sehr nahe am Zielpunkt, dann werden nur geringfügige Kursänderungen nötig sein, um die Yacht schnell wieder auf Soll-Kurs zu bringen, bei großen Entfernungen dauert es eben länger.

Anschneiden eines gewünschten Tracks

Häufig steht der Navigator vor der Situation, daß nur für den Schlußteil eines Törns oder für die letzten Meilen einer Ansteuerung eines Wegpunktes ein gewisser Kurs gefordert wird, z. B. um auf die richtige Linie bei Hafeneinfahrten entsprechend den Leitfeuern zu kommen. Er wird seine Navigation so anlegen müssen, daß er im ausreichenden Sicherheitsabstand vom Zielpunkt einen Soll-Kurs erreichen muß.

Oft wird er hierbei die Erfahrung machen, daß er beim Einstellen des entsprechenden Soll-Kurses soweit von diesem Kurs entfernt ist, daß die Nadel des CDI's nicht mehr auf der Skala ist. Nachdem die GPS-Empfänger im allgemeinen in einem solchen Fall die Nadel überhaupt nicht zeigen, ist die leere Skala für den Navigator wenig hilfreich, weil seine Regel »Nadel rechts – Kurs nach Steuerbord ändern« nicht angewendet werden kann. Der Rudergänger kann sich hier auf zweierlei Arten weiterhelfen.

Bei beiden Methoden ist Voraussetzung, daß er die derzeitige Ist-Richtung von seiner Position zum Zielwegpunkt kennt. Dies zeigt eben der GPS-Empfänger, häufig als BRG (= bearing) direkt an. Wenn nun die Nadel bei eingestelltem Soll-Kurs nicht zu sehen ist, so kann er sich entweder mit einer Skizze weiterhelfen, die ihm unmittelbar zeigt, nach welcher Seite der Kurs zu ändern ist, oder aber mit dem CDI selbst.

stellt, in der sich letztlich der gewünschte Kurs befindet. In diesem Fall kann er beispielsweise 280° einstellen und wird dann sehen, daß die Nadel sich am linken Skalenende einpendelt, was bedeutet, daß der Kurs jedenfalls nach links zu ändern ist.

Schon nach ein paar Tagen Praxis wird der Skipper gelernt haben, um wieviel der Kurs geändert wer-

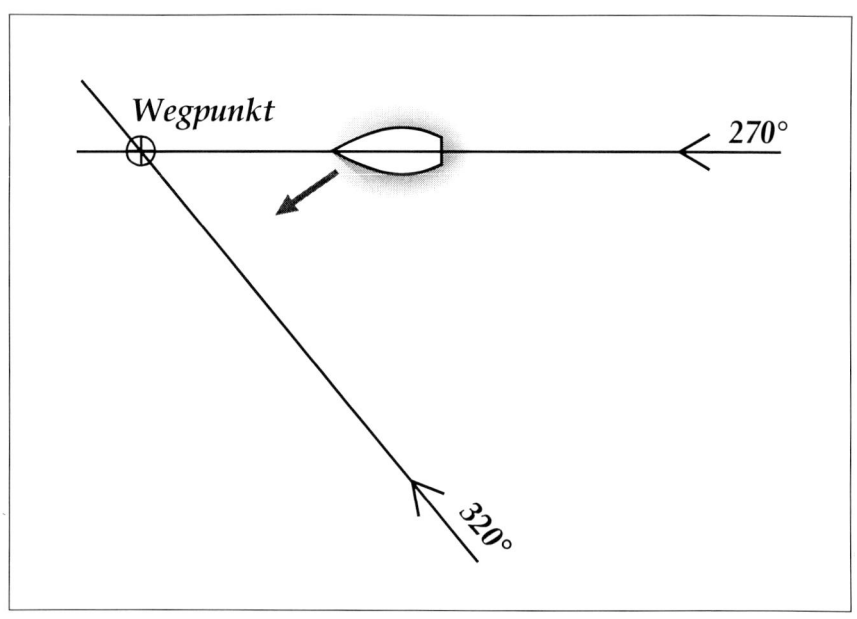

Abb. 37: Nachdem sich die Yacht auf der 270°-Linie befindet, muß sie ihren Kurs nach Backbord ändern, um auf die 320°-Linie zu kommen.

Er kann sich aber mit dem CDI selbst auch dadurch weiterhelfen, daß er bei einem Soll-Kurs von 320° und einem Ist-Kurs von 270° zunächst einmal versuchsweise in der Richtung einen Soll-Kurs einden muß. Bei großen Entfernungen zum Zielpunkt reichen geringfügige Kursänderungen, z. B. 20°, aus, denn es verbleibt ja noch eine Menge Zeit, um auf den Soll-Kurs zu kommen.

Bei erheblichen Unterschieden zwischen Soll-Kurs und Ist-Kurs zum Wegpunkt müssen aber je nach Entfernung zum Zielpunkt deutliche Richtungsänderungen vorgenommen werden. Hier läßt sich leicht durch fortlaufende Beobachtung von Ist- und Soll-Kurs abschätzen, inwieweit die vorgenommene Kursänderung den gewünschten Erfolg bringt. Nach einiger Übung wird der Navigator bestimmt bestätigen, daß dies alles in der Praxis dann viel einfacher ist, als es hier das niedergeschriebene Wort vermittelt.

Wem allerdings diese Methode zu kompliziert erscheint, kann es sich im obigen Falle, wo also ein Wegpunkt auf einem bestimmten Kurs angesteuert werden muß, dadurch erleichtern, daß er eben an der Stelle, an der der Soll-Kurs rechtzeitig erreicht sein muß, einen Wegpunkt hinsetzt, der dann, wie jeder andere gewöhnliche Wegpunkt, mit Hilfe des CDI's angesteuert wird (siehe Abb. F 16).

Selbst wenn es die Navigation nicht erfordert, die Wegpunkte auf ganz bestimmten Kursen anzusteuern, so ist die Benutzung eines CDI's immer zu empfehlen, weil bei keinem anderen Instrument so deutlich ersehen werden kann, ob beispielsweise Strom setzt. Die Erkenntnis, daß Strom vorhanden ist und in welcher Richtung mit welcher (geschätzten) Stärke er setzt, kann für den Fortgang der Navigation von erheblicher Bedeutung sein. Bei Hochseeregatten kann dies über Sieg oder Niederlage entscheiden.

16. Törnplanung

Eine Törnplanung mit GPS wird im allgemeinen damit beginnen, daß die gewünschte Route mit *Bleistift* und Lineal (aber niemals als gekrümmte Linie) in die Karte eingezeichnet wird (siehe Abb. F 17). Nur selten wird es sich in Küstengewässern um einen einzigen Strich von A nach B handeln, sondern man wird um Inseln herumnavigieren, Untiefen ausweichen etc. Wie nahe man die Kursstriche mit dem *Lineal* an die Küste zieht, wird davon abhängen, ob es sich um eine Steilküste oder um unreinen Grund handelt, ob Nebel oder Dunkelheit zu befürchten oder ob Fahrwasserregelungen zu berücksichtigen sind. Immer dann, wenn die Richtung der Linie (Kurs) sich ändert, wird man einen Wegpunkt mit »Namen« setzen. Wie man ihn bezeichnet, richtet sich nach dem GPS. Manche Empfänger können nur Wegpunkte durchnummerieren, manche akzeptieren auch Buchstaben. Zweckmäß werden kurze Namen gewählt, denn bei den meisten GPS-Geräten ist die Eingabe von Namen äußerst mühsam.

Anschließend sollten in einem Durchgang, das ist am wenigsten fehlerträchtig, die Koordinaten herausgemessen *und* niedergeschrieben werden. Würde man jeden Wegpunkt einzeln messen und gleich anschließend in das GPS-Gerät eingeben, wäre es notwendig, unentwegt das Handwerkszeug (Kartenzirkel, GPS-Gerät) zu wechseln, was die Fehlerwahrscheinlichkeit erheblich erhöhen würde.

Schreibt man dagegen Wegpunkt für Wegpunkt mit seinen Koordinaten in eine Liste, fallen viele Fehler bei der Bestimmung der Koordinaten sofort auf und können so vermieden werden. Der Hauptvorteil einer solchen Wegpunktliste besteht aber darin, daß man jederzeit im Falle eines Datenverlustes die Wegpunkte schnell erneut eingeben kann und daß gleichzeitig damit eine *schriftliche* Törnplanung erstellt wird.

Später beim Absegeln der geplanten Route kann dann bei Erreichen der jeweiligen Wegpunkte die Zeit, und wenn vorhanden auch der Loggestand, eingetragen werden, was erheblich zur Sicherheit der Navigation beiträgt, weil so Strom oder simple Fehler, sei es in den Wegpunktkoordinaten, sei es (nicht sehr wahrscheinlich) im GPS-System leicht erkannt werden können. Nebenbei entsteht so ein Logbuch-Auszug, der sehr viel näher an der Wirklichkeit dran ist, als nur die Eintragung von Windstärke, gesegeltem Kurs und Segelführung.

Freilich, niemand soll sich durch

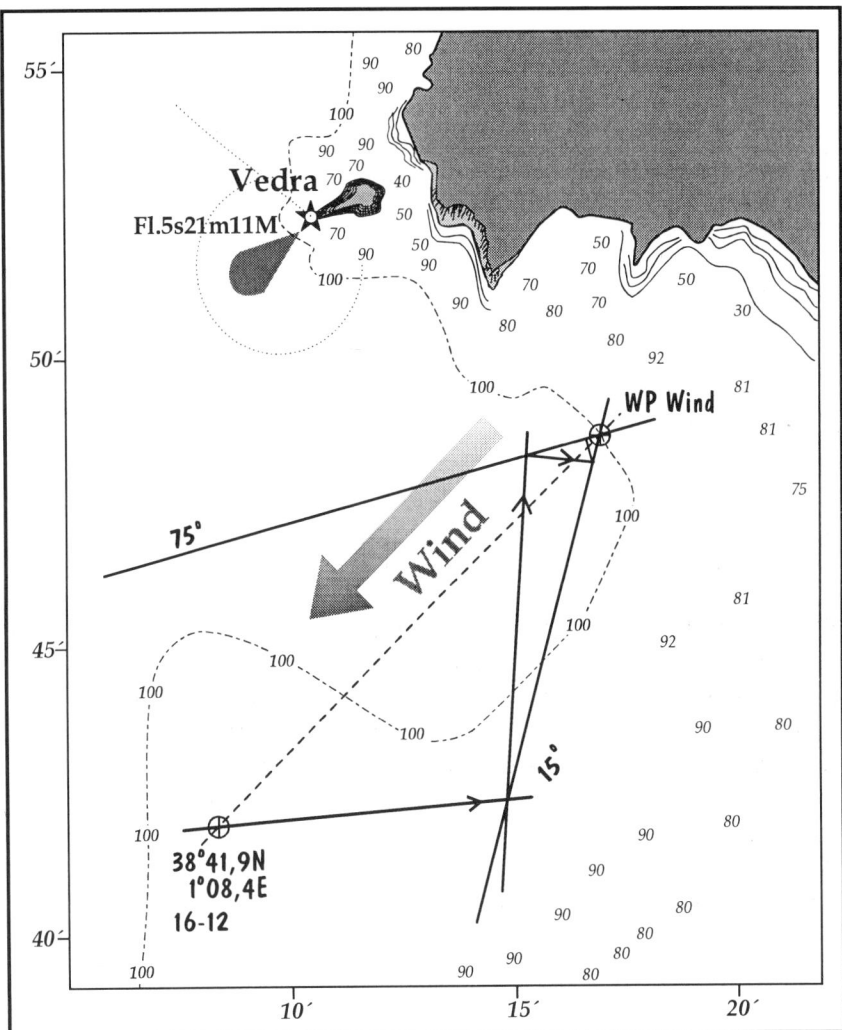

Abb. 38: Hilfreich zum Aufkreuzen ist ein Hilfswegpunkt genau in Windrichtung, von dem dann ein Trichter mit insgesamt 60° in die Karte gezeichnet wird. Der Rudergänger hat dann nur darauf zu achten, daß die Peilung zum Hilfswegpunkt nie unter 15° oder über 75° liegt. Vorher hat er über Stag zu gehen.

eine penible Törnvorbereitung eingeengt fühlen, vor allem Segler nicht. Denn häufig wird man stur nach Törnplanung gar nicht segeln können, weil der Wind zu vorlich ist. Und beim Aufkreuzen verläßt das Segelschiff die in die Karte eingezeichnete Kurslinie regelmäßig. Aber auch dann ist eine Törnplanung ein Gerüst für den angestrebten Törnverlauf, denn die Kreuzschläge lassen sich oft ohne Weg- und Zeit-Verlust so legen, daß die meisten Wegpunkte doch noch passiert werden.

Eine recht patente Methode beim Aufkreuzen mit Hilfe von GPS ist es, genau durch den angestrebten Wegpunkt auf der Seekarte die Windrichtung und zu beiden Seiten Hilfslinien mit einem Winkel von 30° zur Windrichtung zu zeichnen. Es soll also vom Wegpunkt aus ein 60-Grad-Trichter zum momentanen Schiffsort angelegt werden. Das erspart uns langwierige taktische Überlegungen, weil die Kreuzschläge mit Hilfe dieser Begrenzungslinien optimal anzulegen sind. Verbleibt die Yacht nämlich innerhalb dieses Trichters, nähert sie sich auf dem zeitlich kürzesten Weg zum Zielwegpunkt in Luv. Das gilt freilich nur so lange, bis der Wind dreht. Die Methode ist erst dann empfehlenswert, wenn die Yacht nur noch weniger als ungefähr 10 sm zum Zielwegpunkt hat.

Um abzuschätzen, ob die Yacht die Begrenzungslinien nicht überschreitet, wann also auf den neuen Bug gegangen werden muß, braucht der Rudergänger nur den Kurs (bearing) zum Zielwegpunkt im Auge zu behalten. Ein Beispiel: Der Wind kommt genau aus 45° Grad. In die Seekarte wird also die Windrichtung durch den Zielwegpunkt eingetragen und die beiden Begrenzungslinien mit 15° und 75°. Das Einzeichnen in die Seekarte ist deshalb so wichtig, weil der Navigator dadurch gezwungen ist, das Gebiet in dem aufgekreuzt werden soll, nach Untiefen und Gefahrenstellen abzusuchen. Die Yacht segelt dann richtig, wenn auf dem GPS die Peilung zum Zielwegpunkt immer zwischen 15° und 75° liegt. Geht sie unter 15° oder über 75°, dann muß auf den anderen Bug gegangen werden.

17. Was tun, wenn das GPS ausfällt?

Daß das GPS-System versagt, ist nicht sehr wahrscheinlich, aber bereits vorgekommen. Daß ein Navigator, der weiter von der Navigation keine Ahnung hat, als es dieses Buch bis jetzt vermittelt hat, nicht mit einem einzigen GPS-Gerät über die Meere losfährt, wird erwartet; es versteht sich von selbst, daß dieser Navigator zumindest ein zweites GPS-Gerät dabei hat. Trotzdem kann das ganze System aussteigen oder schlicht abgeschaltet (z. B. zu Servicezwekken) werden. Dies ist in der Vergangenheit passiert, wir haben es schon erlebt, wenn auch nur für ein oder zwei Tage. Der gewissenhafte Navigator wird aber darauf vorbereitet sein, denn es gibt einen Radio-Dienst (rund um die Uhr), der uns mit Informationen über den GPS-Status und gegebenenfalls auch zu beabsichtigten Arbeiten und entstandenen Störungen unterrichtet. Er wird ausgestrahlt von den jedem Langfahrtsegler bekannten Sendestationen auf Hawaii und Colorado, nämlich den Zeitzeichen-Sendern WWV und WWVH auf 5, 10, 15 und 20 MHz.

WWV bringt den GPS-Status zu jeder 14. und 15. Minute jeder Stunde und WWVH zu jeder 43. und 44. Minute.

Das Versagen von GPS ist nicht immer an der fehlenden Positionsanzeige zu erkennen. Es kann auch sein, daß eindeutig falsche Werte angezeigt werden, oder daß sich die einmal angezeigte Position über längere Zeit nicht ändert, obwohl das Schiff segelt. Selbst wenn eine Yacht in der Flaute dümpelt, müßte sich zumindest an der zweiten Kommastelle der Position gelegentlich eine Änderung zeigen. Überprüfen läßt sich die Funktion des GPS auch dadurch, daß die Antenne solange abgedeckt wird, bis die Position verschwindet. Tut sie das nicht, ist ohnehin etwas faul. Erscheint sie, nachdem die Antenne wieder freie Sicht zum Himmel hat, stimmt die Position höchstwahrscheinlich. Den besten Eindruck gewinnt derjenige, der diesen Primitiv-Test schon mal durchgeführt hat, wenn das GPS einwandfrei funktioniert hat.

Wer darüber hinaus beispielsweise dem in diesem Buch gegebenen Rat gefolgt ist, die jeweiligen GPS-Positionen auch in die Seekarte einzutragen, hat keine Schwierigkeiten, zu erkennen, wenn etwas faul mit dem gesamten GPS-System ist.

Nachfolgend wird der hilf- und GPS-lose Navigator dadurch unterstützt, daß ihm zwei »Kochrezepte« angeboten werden, mit deren Hilfe er sich sowohl in Küstennähe als auch auf hoher See mit einfachsten Mitteln zumindest so weiterhelfen kann, daß er einen Hafen erreicht.

Stets ist es oberstes Gebot, Panik zu vermeiden. Folgende Hilfsmittel sind mit Bedacht so einfach wie nur irgend möglich gehalten, so daß es bei gesundem Menschenverstand und Fähigkeiten im kleinen Einmaleins jedem möglich ist, allein mit dem beschriebenen Wissensstoff sich aus dieser Situation zu befreien.

Zweierlei »Notfälle« sind zu unterscheiden:
1. Das GPS versagt in Küstennähe.
2. Es versagt auf hoher See.

Das GPS versagt in Küstennähe

Für diesen Fall muß der Navigator nicht einmal besonders vorgesorgt haben, um mit herkömmlichen Mitteln zumindest so weit weiternavigieren zu können, daß der nächste Hafen erreicht wird. Hierzu reichen der Steuerkompaß, die entsprechenden Seekarten, Bleistift und Kursdreiecke völlig aus. Es wird selbstverständlich vorausgesetzt, daß dieses einfache Handwerkszeug auf jeder Yacht vorhanden ist. Voraussetzung dafür, daß der Kurs zum nächsten Hafen gefunden wird, ist immer, daß der eigene Schiffsort so genau wie möglich festgestellt wird. Ohne GPS geschieht dies mit Hilfe der altbewährten Kreuzpeilung.

Dieses System zur Schiffsortfeststellung hat sich seit jeher bewährt, deshalb besteht kein Grund, nicht mit Hilfe von Kreuzpeilungen zu navigieren.

Das System ist einfach. Voraussetzung ist, daß der Navigator in der Lage ist, zwei Peilobjekte mit Hilfe der Seekarte und auf ihr einwandfrei zu identifizieren. Geeignete Landmarken dafür sind Huks, Kirchen, Bergspitzen oder Leuchtfeuer (sehr gut in der Nacht).

Der Rudergänger steuert nunmehr für 5 oder 10 Sekunden auf die erste Landmarke zu und liest hierbei den anliegenden Kompaßkurs ab. Dies wiederholt er mit der zweiten Landmarke.

Befindet sich die Yacht (wenn es sich um eine Kunststoff- oder eine Stahlyacht mit einem kompensierten Kompaß handelt, dürfte keine nennenswerte Deviation bestehen) irgendwo im Mittelmeer oder beispielsweise etwa in den deutschen Küstengewässern, ist also die Mißweisung, die aus der Seekarte herausgelesen werden kann, unter 3°, so ist es nicht notwendig, die abgelesene Kompaßpeilung noch weiter zu verbessern. Denn die Peilgenauigkeit ist je nach Schiffsgröße sicher nicht besser als eine etwaige Verbesserung.

Die Verarbeitung der beiden Kompaßpeilungen zu einem Schiffsort ist vergleichsweise einfach. Es wird in der Karte durch das erste Peilobjekt eine Linie mit der Richtung der Kompaßpeilung gezogen und in gleicher Weise mit dem zweiten Peilobjekt und der zweiten Kompaßpeilung verfahren. Beide Linien werden sich in einem Punkt treffen, eben dem Schiffsort (siehe dazu auch Abb. F 18 u. F 19).

Aber Achtung! Wenn sich die beiden Linien unter einem kleineren Winkel als 30° schneiden, ist Vorsicht geboten. Bei einem Schnittwinkel von weniger als 20° sollte man die beiden Peilobjekte nicht verwenden. Dann ist es schon besser, ein anderes Peilobjekt mit einem günstigeren Schnittwinkel zu verwenden.

So einfach läßt sich der Schiffsort feststellen. Seine Genauigkeit hängt von der Entfernung zu den Peilobjekten und vom Schnittwinkel ab. Je näher der Schiffsort an den beiden Peilobjekten dran ist, um so genauer ist der Schiffsort. Wenn möglich, verwende man also naheliegende Peilobjekte. Um eine bessere Kontrolle über die Qualität seines Schiffsortes zu erhalten, kann man noch eine weitere Kompaßpeilung von einem dritten Peilobjekt zeichnen. Meist wird die dritte Standlinie nicht genau durch den Schnittpunkt der beiden anderen verlaufen. Das ist normal. Ist das (Fehler-)Dreieck aus den Standlinien sehr groß, dann sind die Messungen ungenau oder ein Peilobjekt wurde nicht einwandfrei identifiziert.

Vom Schiffsort ziehe man dann zum »rettenden« Hafen eine Linie und verwende deren Richtung als neuen Kurs (aber Achtung: Nicht mit dem Gegenkurs verwechseln. Alle Kurse »nach rechts« liegen zwischen 0° und 180°). Würde diese Linie allerdings über eine Gefahrenstelle führen oder nahe daran vorbei, so trage man in die Seekarte einen Hilfspunkt ein, und steuere zunächst diesen Hilfspunkt an.

Nachdem die Methode gar so einfach ist, sollte der Navigator sie auf jeden Fall schon rechtzeitig üben. Mit Hilfe von GPS hat er nämlich eine hervorragende Möglichkeit zur Verfügung, die Genauigkeit seiner terrestrischen Navigation zuverlässig zu überprüfen. Dies wird ihm auch für den Notfall Sicherheit geben.

Das GPS versagt auf hoher See

Schwieriger, jedoch bei weitem nicht hoffnungslos ist es, wenn das GPS bei einem Hochseetörn außerhalb Landsicht nicht mehr anzeigt. Dies betrifft dann auch jenen Navigator, der sich noch nie mit der »hohen Schule« der Navigation befaßt hat, nämlich mit der astronomischen Navigation, also der Schiffsortfeststellung mit Hilfe der natürlichen Himmelskörper, den Gestirnen. Freilich, unabdingbar ist, daß der Navigator hierfür eine entsprechende »Notausrüstung« an Bord mit sich führt.

In jedem Fall gehört zur Grundausrüstung bei einem Hochseetörn ein Sextant. In aller Deutlichkeit muß gesagt werden, daß die Situation ohne GPS hoffnungslos ist, wenn nicht einmal ein Sextant an Bord ist.

Unentbehrlich ist ein weiteres Hilfsmittel, nämlich das aktuelle Nautische Jahrbuch. Nautische Jahrbücher erscheinen jährlich neu und haben nur Gültigkeit für das Jahr, für das sie ausgegeben sind.

Ein Bordcomputer mit einem Programm, das auch die astronomische Navigation beherrscht, ist zwar eine feine Sache und erleichtert die Arbeit, doch es ist zu riskant, sich auf den elektronischen Rechenkünstler zu verlassen.

Die Astronavigation gilt zwar als romantischste Art der Navigation, ist aber auch nicht ganz leicht. Im nachfolgenden wird deshalb eine »idiotensichere« Anleitung gegeben, um im Notfall mit Hilfe der Sonne den Schiffsort zu finden. Das Rezept wurde so vereinfacht, daß auch der Anfänger sofort zu einer Position mit Hilfe der Sonne kommen kann, die ausreichend genau ist, um einen Hafen auf der gegenüberliegenden Seite des Atlantiks sicher zu finden. Mit anderen Worten, der Navigator wird in die Lage versetzt, mit einer Primitivmethode seinen Schiffsort mit Hilfe der Sonne auf ungefähr zehn Meilen genau zu bestimmen. Dies wird allemal ausreichen, um die betreffende Insel am Ziel auszumachen und zu identifizieren.

Auch in der Astronavigation gilt: Mit einer einzigen Messung kann niemals ein Schiffsort bestimmt werden.

Die Sonne muß also mehrfach gemessen werden, um letztlich zu einer Position zu kommen. Ist der Bordcomputer mit einer bewährten fehlerfreien Astronavigations-Software ausgerüstet, so wird der Navigator das Rechenprogramm benutzen, um den Schiffsort festzustellen. Hierfür sind immer zwei Messungen der Sonne notwendig. Eine der beiden Messungen sollte um die Mittagszeit gemacht werden, also zu dem Zeitpunkt – unabhängig von der Uhrzeit – an dem die Sonne an ihrem höchsten Punkt steht. Die zweite Messung kann ungefähr ein bis zwei Stunden vor Mittag oder nach Mittag stattfinden.

Der Sextant ist nichts anderes als ein Winkelmeßinstrument, mit dessen Hilfe sehr präzise der Winkel zwischen dem Unterrand der Sonne und jenem Punkt auf dem sichtbaren Horizont gemessen wird, der sich exakt senkrecht unter der Sonne befindet.

Wie mit dem Sextanten die Sonne gemessen wird, steht in der Gebrauchsanweisung, die jedem Sextanten beigegeben ist. Man studiere sie mit dem Instrument in der Hand, auf die Sonne gerichtet. Im übrigen ist die Messerei so einfach, daß jeder durch Ausprobieren auf den Trichter kommt.

Jedoch, ein Hinweis ist unumgänglich. Wird der Sextant im Moment der Messung verkantet, so wird nicht der Winkel zwischen dem Unterrand der Sonne und dem senkrecht unter der Sonne befindlichen Punkt auf dem Horizont gemessen, sondern eben der Winkel zwischen dem Unterrand der Sonne und einem beliebigen Punkt auf dem Horizont. Die Konsequenz ist klar: Der Winkel, der später am Gradbogen und an der Trommelschraube abgelesen wird, ist viel zu groß. Selbst in einer Flaute, wo man annehmen könnte, das Schiff würde ganz ruhig liegen, wird man niemals nach Gefühl exakt sagen können, daß der Sextant nunmehr gerade, also senkrecht ausgerichtet ist. Würde man die Sonne ohne Berücksichtigung dieses Umstandes, also mit einer Senkrechthaltung »nach Gefühl«, messen, so müßte man mit Meßfehlern in der Größenordnung von 20, 30 Winkelminuten, also 20 bis 30 sm rechnen.

> Auf einem Schiff ist es unmöglich, einen Sextanten »nach Gefühl« senkrecht zu halten.

Es gibt nur ein einziges Rezept, diesen Fehler zu vermeiden. Zum Zeitpunkt der Messung muß der Navigator mit dem Sextanten eine Schwenkbewegung um die Fernrohrachse durchführen. Er muß in der Lage sein, die Sonne, die er mit Hilfe des beweglichen Arms des Sextanten auf den Horizont heruntergeholt hat, in einem Bogen erscheinen zu lassen. Das muß ausprobiert werden.

Erst wenn der Navigator deutlich um die Fernrohrachse schwenkt und eindeutig sieht, daß die Sonne im Fernglas einen Bogen über dem Horizont beschreibt, kann mit Hilfe der Trommelschraube die Sonne am tiefsten Punkt dieses Bogens auf den Horizont aufgesetzt werden. In diesem Moment muß die exakte Uhrzeit abgelesen werden.

Wichtig: Eine Messung ohne »Sonnenbogen« ist wertlos und darf nicht verwendet werden.

Die Uhrzeit läßt sich aber jederzeit wieder aktualisieren, wenn man am Bordradio ein Zeitzeichen aufnimmt und damit eine Quarzuhr neu stellt. In diesem Zusammenhang ist es interessant, daß es spe-

Abb. 39: Der Sextant *muß* um die Fernrohrachse geschwenkt werden. Maßgeblich ist dann der Zeitpunkt und Sextantwinkel, an dem die Sonne am tiefsten Punkt des scheinbaren Bogens, den die Sonne beschreibt, den sichtbaren Horizont berührt.

Die Uhrzeit muß zum Zeitpunkt der Messung sekundengenau festgestellt werden. Daß eine genaugehende Uhr an Bord ist, ist nautische Selbstverständlichkeit. Ist sich der Navigator der Genauigkeit der Uhrzeit nicht mehr sicher, so besteht jetzt selbstverständlich die Möglichkeit nicht mehr, mit Hilfe der exakten Uhrzeit aus dem GPS die Uhr neu zu stellen. Das GPS ist ja ausgefallen.

zielle Zeitzeichensender gibt, die rund um die Uhr Zeitzeichen senden. Am Bordempfänger können diese Zeitzeichen auf 10 MHz, 15 MHz und 20 MHz je nach Ausbreitungsbedingungen der Kurzwellen abgehört werden.

Wichtig: Maßgeblich ist nur die Weltzeit (frühere »mittlere Greenwichzeit«) auch »UT1« oder »UTC« (Universal Coordinated Time). Für die Bordpraxis sind Weltzeit, mittlere Greenwich-Zeit, englische Zeit (nicht Sommerzeit), UT1 oder UTC alle identisch.

> Weltzeit ist deutsche (mitteleuropäische) Zeit minus 1 Stunde.
> oder
> Weltzeit ist deutsche Sommerzeit minus 2 Stunden.

Steht ein Computerprogramm zur Verfügung, so muß in den Computer vor Feststellung der Position mit Hilfe zweier Sonnenmessungen der ganz grobe Schiffsort (etwa auf 100 Meilen genau) eingegeben werden. Anschließend werden die beiden Messungen, ihr Winkel, der Meßzeitpunkt und das Meßdatum eingegeben, worauf ein gutes Computerprogramm die Länge und Breite eines Schiffsortes fix und fertig anzeigt.

Auch bei Benutzung eines Computerprogramms ist es wichtig, daß die beiden Sonnenmessungen mindestens eineinhalb Stunden auseinanderliegen. Am besten findet die eine »mittags« statt. Das ist nicht etwa um 12 Uhr, sondern dann, wenn die Sonne am höchsten, somit gleichzeitig genau im Süden oder im Norden steht. Die zweite Messung sollte dann entweder vor Mittag oder nach Mittag stattfinden.

Auch ohne Computer gibt es eine kinderleichte Möglichkeit, einen Schiffsort mindestens 10 sm genau mit nachfolgendem Kochrezept zu errechnen. Hierbei ist es nicht einmal notwendig zu zeichnen oder in der Seekarte zu arbeiten.

Verwendet werden dabei zwei Spezialmethoden der Astronavigation, nämlich die Bestimmung der Breite mit Hilfe der sogenannten Mittagsbreite und die Bestimmung der geographischen Länge mit Hilfe von zwei gleichen Messungen. In beiden Fällen muß das Nautische Jahrbuch herangezogen werden.

Im Nautischen Jahrbuch sind im wesentlichen die Koordinaten für die Navigationsgestirne angegeben. Nachdem sich aber die Himmelskörper praktisch im unendlichen Raum befinden, hat man die Koordinaten für den Punkt an der Erdoberfläche niedergeschrieben, der sich exakt senkrecht unter dem Gestirn befindet. Damit kann der jeweilige Ort eines Gestirns präzise angegeben werden.

Nachdem sich die Sonne scheinbar in 24 Stunden um die Erde dreht, muß sich dieser Punkt (der Navigator spricht vom »Bildpunkt«) rasend schnell über die Erdoberfläche bewegen. Für die astronomische Navigation ist aber der genaue Ort maßgeblich. Das ist der Grund, warum die sekundengenaue Uhrzeit, zumindest bei der Längenbestimmung, notwen-

1991 JULI 8

189 UT1	SONNE Grt ° '	r 15,8' δ ° '	
0	178 46,8	22 33,4	N
1	193 46,7	22 33,1	
2	208 46,6	22 32,9	
3	223 46,5	22 32,6	
4	238 46,4	22 32,3	
5	253 46,3	22 32,0	N
6	268 46,2	22 31,8	
7	283 46,1	22 31,5	
8	298 46,0	22 31,2	
9	313 45,9	22 30,9	
10	328 45,8	22 30,6	N
11	343 45,7	22 30,4	
12	358 45,6	22 30,1	
13	13 45,5	22 29,8	
14	28 45,4	22 29,5	
15	43 45,3	22 29,2	N
16	58 45,2	22 29,0	
17	73 45,1	22 28,7	
18	88 45,0	22 28,4	
19	103 44,9	22 28,1	
20	118 44,8	22 27,8	N
21	133 44,7	22 27,5	
22	148 44,6	22 27,2	
23	163 44,5	22 27,0	
	T 12.05	Unt 0,3'	

Abb. 40: Ausschnitt aus dem Nautischen Jahrbuch für 1991 (Sonne).

dig ist. Im Nautischen Jahrbuch sind Längen- und Breitenkoordinate des Bildpunktes der Sonne für jede volle Stunde angegeben. Die Ost-West-Geschwindigkeit der Sonne beträgt ziemlich genau 15 Längengrade. Dies läßt sich auch direkt aus dem Jahrbuch herauslesen, wenn beispielsweise die Längenkoordinaten der Sonne für 16.00 Uhr und für 17.00 Uhr angesehen werden. Um 16.00 Uhr steht der Bildpunkt der Sonne also am 8. Juli 1991 auf 58 Grad und 45 Minuten und um 17.00 Uhr auf 73 Grad und 45 Minuten. Es bestehen also 15 Grade Unterschied in einer Stunde.

Wesentlich langsamer bewegt sich die Sonne in Nord-Süd-Richtung. Die Breitenkoordinaten des Bildpunktes der Sonne sind im Nautischen Jahrbuch in der rechten Spalte angegeben. Hier läßt sich ersehen, daß die Breitenkoordinate um 16.00 Uhr 22 Grad und 29 Minuten und um 17.00 Uhr ebenfalls aufgerundet 22 Grad und 29 Minuten Nord ist.

Auf einen kleinen Unterschied zwischen beiden Koordinatenangaben sei hingewiesen. Bei der Breite ist ein Vorzeichen angegeben, also »N« oder »S«, während bei der Länge die Angabe West oder Ost fehlt. Dies hat seinen Grund darin, daß die Längenkoordinate der Sonne (und der anderen Gestirne) entgegen den normalen geographischen Längenkoordinaten nicht von 0 Grad nach Westen oder Osten bis 180 Grad zählt, sondern einmal Richtung Westen um die gesamte Erde herum, also von 0 Grad bis 360 Grad. Es handelt sich hierbei aber nur um einen äußerlichen Unterschied, der gegebenenfalls rechnerisch in einfacher Weise berücksichtigt wird, wie das »Kochrezept« für die Längenbestimmung unten zeigen wird. Die angebotenen Patentrezepte zur Schiffsortbestimmung mittels der Sonne zeigen gegenüber der Astronavigation, wie sie auf den Seefahrtsschulen gelehrt wird, eine Einschränkung. Die Schiffsortbestimmung kann nur um die Mittagszeit erfolgen, also dann, wenn die Sonne am höchsten steht. Dies ist aber nur eine scheinbare Einschränkung, denn noch vor ein paar Jahren, als es noch kein GPS gab, hat traditionell auf den Yachten die Schiffsortbestimmung ebenfalls um die Mittagszeit stattgefunden. Eine wirkliche Einschränkung für die Praxis stellt dies also nicht dar.

Vorbereitung der Schiffsortbestimmung mit Hilfe von Mittagsbreite und Mittagslänge

Um die Breite des Schiffsortes zu bestimmen, muß die Sonne auf ihrem höchsten Punkt gemessen werden. Die Schiffsortbestimmung kann also nur zur Mittagszeit erfolgen.
Für die Bestimmung der Mittagslänge mit Hilfe von zwei gleichen Höhen sind zwei Messungen notwendig, wovon die eine ungefähr 1 Stunde vor Mittag und die zweite ungefähr 1 Stunde nach Mittag zu erfolgen hat. Wann ist Mittag?

Es würde hilflos wirken, würde sich der Navigator mit seinem Sextanten ein paar Stunden aufs Deck setzen und warten, bis die Sonne auf dem höchsten Punkt steht. Es stehen mehrere Methoden zur Verfügung, um den Mittagszeitpunkt herauszufinden.

Je nachdem, wieweit das GPS ausgefallen ist, kann unter Umständen der GPS-Empfänger noch zur Bestimmung des Mittagszeitpunktes herangezogen werden. Aus zahlreichen Empfängertypen läßt sich »Sunset« und »Sunrise«, also Sonnen- und Sonnenuntergang, abrufen. Freilich nur, solange im GPS-Gerät der ungefähre Schiffsort (auf 100 Meilen genau) und das Datum noch aktuell sind. Dann ist der Mittagszeitpunkt leicht zu errechnen. Er liegt genau zwischen Sunset und Sunrise.

Mit Hilfe des Nautischen Jahrbuchs läßt sich in jedem Fall ausreichend genau feststellen, wann die Sonne ihren höchsten Punkt erreicht hat. Auch hier ist nur die ganz grobe Kenntnis der Schiffslänge notwendig – etwa auf 100 Meilen genau.

Nehmen wir an, wir befinden uns am 8. Juli 1991 ungefähr (ganz grob) auf 20 Grad und 22 Minuten Nord und 44 Grad und 10 Minuten West. Ein Blick in das Nautische Jahrbuch zeigt uns in der Spalte »SONNE« ganz unten, wann die Sonne in Greenwich, also exakt auf

113

null Grad, auf dem höchsten Punkt steht. Das ist der sogenannte Transitus, wird abgekürzt mit »T«. Dieser Transitus findet am 8. Juli 1991 um 12.05 Uhr statt. Die Sonne wandert in einer Stunde 15 Grad. Wenn sich unser Schiff also auf ungefähr 44 Grad und 10 Minuten West, abgerundet auf 44 Grad West befindet, so ist leicht einzusehen, daß die Sonne bis dorthin fast drei Stunden benötigt. 3 mal 15 wären nämlich 45 Grad.

Wir können den Mittagszeitpunkt genau berechnen, wenn wir uns nochmals vergegenwärtigen, daß die Sonne in 1 Stunde 15 Grad nach Westen wandert, also einen Längengrad in 4 Zeitminuten zurücklegt. Wenn wir uns also auf 44 Grad befinden, so wird die Sonne 2 Stunden nach Greenwich sich auf 30 Grad befinden, also bis zu uns noch weitere 44 minus 30, also 14 Grad wandern. Für 14 Grad benötigt sie 14 mal 4, also 56 Minuten. Sie wird also auf unserer Länge, 2 Stunden und 56 Minuten später als in Greenwich, also um 12.05 Uhr plus 2 Stunden 56, also um 15.01 Uhr sein. Dann wird *ungefähr* Mittag sein, also die Sonne auf ihrem höchsten Punkt stehen.

Zur Schiffsortbestimmung werden wir also ungefähr die erste Messung zur Längenbestimmung 1 Stunde vor Mittag, also um 14.01 Uhr, vornehmen, die Mittagsbreite um ungefähr 15.01 Uhr messen und die zweite Messung zur Bestimmung der Mittagslänge ungefähr um 16.01 Uhr tätigen.

Wichtig: Die Vorbestimmung der Meßzeitpunkte dient nicht etwa dazu, den exakten Meßzeitpunkt festzulegen, sondern nur zur groben Orientierung, wann ungefähr die Messungen stattzufinden haben. Die Messung der Mittagslänge darf nur dann erfolgen, wenn die Sonne auf dem höchsten Punkt steht. Wann dies *genau* sein wird, hängt von der genauen Schiffslänge ab, die wir ja nicht kennen. Es wird ungefähr um 15.01 Uhr sein. In der Praxis würden wir uns also ungefähr um 14.50 Uhr aufs Deck setzen, so lange warten, bis sich der fortlaufend gemessene Höhenwinkel der Sonne nicht mehr ändert, sie also nicht mehr steigt, um dann in diesem Moment den gemessenen Winkel abzulesen.

Bei der Mittagslänge dient die Vorausberechnung der Meßzeit ebenfalls nur einem ungefähren Anhaltspunkt. Wir werden also ungefähr um 14.01 Uhr die Sonne messen *und* die dazugehörige Meßzeit als Weltzeit niederschreiben. Die zweite Messung – sie wird ebenfalls *ungefähr* eine Stunde nach Mittag sein – zur Bestimmung der Mittagslänge hat nach Mittag zu erfolgen, und zwar dann, wenn die Sonne wieder im exakt gleichen Winkel wie bei der ersten Messung steht. Der Zeitpunkt, zu dem die Sonne im gleichen Winkel erscheint, muß dann sekundengenau festgehalten werden.

Die Vorbereitung sieht also so aus:

1. Es wird der ungefähre Mittagszeitpunkt festgestellt mit Hilfe der geschätzten Länge des Schiffes und des Transitus (T).
2. Ungefähr 1 Stunde vor dem so errechneten Mittagszeitpunkt wird die Sonne exakt gemessen und die dazugehörige Weltzeit sekundengenau niedergeschrieben.
3. 10 Minuten vor dem errechneten Mittagszeitpunkt begibt sich der Navigator mit dem Sextanten an Deck und mißt fortlaufend die Sonne, bis sie nicht mehr steigt. Dies merkt der Navigator daran, daß er zur genauen Messung die Trommel am Sextanten nicht mehr weiter nachstellen muß. Die Sonne wird scheinbar ungefähr 4 Minuten auf dem höchsten Punkt bleiben, bis sie wieder anfängt zu sinken. Der exakte, größte Winkel, den die Sonne eingenommen hat, ist dann die sogenannte Mittagsbreite.
4. Am Sextanten wird ganz exakt der Winkel eingestellt, in dem die Sonne bei der ersten Messung – eine Stunde vor Mittag – gestanden hat. Ungefähr 30 bis 40 Minuten nach dem Mittagszeitpunkt begibt sich der Navigator wieder nach oben und wartet, ohne den Winkel am Sextanten auch nur im mindesten zu verstellen, solange, bis die Sonne exakt unter diesem voreingestellten Winkel erscheint. Dieser Zeitpunkt wird ebenfalls sekundengenau niedergeschrieben.

Um die Mittagsbreite auszurechnen, reicht sodann als Meßergebnis der Sextantwinkel aus.

Zum Ausrechnen der Mittagslänge werden nur die beiden Meßzeitpunkte vor und nach Mittag benötigt. Wie groß der Winkel absolut gewesen ist, ist uninteressant, wichtig ist nur, daß zweimal exakt der gleiche Winkel gemessen wurde.

Berechnung der Mittagsbreite

Für die Berechnung der Mittagsbreite gelten nachfolgende Einfachformeln, wobei davon ausgegangen wurde, daß die Messungen auf einer Yacht vorgenommen worden sind, bei der sich die Augeshöhe des Navigators in einer Höhe von ca. 1–4 m über dem Wasserspiegel befunden hat. Eine genaue Messung vorausgesetzt, läßt sich eine Breite des Schiffsortes errechnen, die ungefähr auf 3 Meilen genau ist.

Die Formeln zur Breitenberechnung sind denkbar einfach und jeder, der addieren und subtrahieren kann, ist in der Lage, in wenigen Sekunden oder Minuten die Schiffsbreite auszurechnen. Zur Ausrechnung wird lediglich die Breite der Sonne benötigt, die sich aus dem Nautischen Jahrbuch ergibt. Es reicht aus, wenn sie auf ganze Minuten genau aus dem Jahrbuch in der Zeile der betreffenden Uhrzeit herausgelesen wird. Liegt der genaue Meßzeitpunkt zwischen zwei vollen Stunden, so runde man die im Jahrbuch angegebenen Breitenwerte auf oder ab. Es bringt nichts an Genauigkeit, die Breite der Sonne auf eine Stelle hinter dem Komma auszurechnen, denn der hierdurch gewonnene Genauigkeitsgewinn wird leicht wieder durch Meßungenauigkeiten kompensiert. Hinzu kommt, daß mit der Rechnerei hinter dem Komma zusätzliche Fehlerquellen und Leichtsinnsfehler geschaffen werden.

Man lasse sich nicht dadurch verwirren, daß insgesamt sechs Formeln für die Mittagsbreite verwendet werden. Sie unterscheiden sich nur in den Vorzeichen. Man hätte diese sechs verschiedenen Formeln auch in eine Formel zusammenpressen können, dann aber höhere Anforderungen an die Mathematikkenntnisse des Benutzers stellen müssen. Schließlich will hier der Autor mit dem Motto »Man nehme...« in der Not sicher weiterhelfen.

Bei allen verwendeten Formeln gilt, daß die am Sextanten abgelesene Höhe der Sonne geringfügig wegen der Lichtbrechung und anderer Faktoren verbessert wird. Für die Praxis genau sind bei unseren Yachtgrößen (Augeshöhen!), ganz primitiv zu jedem am Sextanten abgelesenen Winkel 12 Minuten hinzuzurechnen. Würde dies vergessen, so wäre die Breite von vorneherein um ungefähr 12 Seemeilen falsch.

Deshalb wichtig: Bevor mit dem Sextantwinkel gerechnet wird, müssen 12 Minuten hinzugezählt werden. Wenn also zum Beispiel am Sextanten 57 Grad 24 Minuten abgelesen worden sind, so muß in die Rechnung mit 57 Grad 36 Minuten eingegangen werden. Warum dies so ist, soll hier nicht genauer erklärt werden, um den Leser nicht zu verwirren. Es ist nicht Sache eines »Kochrezeptes« für den Notfall, einen Kurs in Astronavigation zu vermitteln. Der Leser möge sich damit begnügen, daß er mit Hilfe dieser Verbesserung von 12 Minuten einen erheblichen Genauigkeitsgewinn erzielt.

Also: Bevor mit dem Winkel der Sonne gerechnet wird, müssen 12 Minuten hinzugerechnet werden.

Insgesamt stehen dem Navigator somit sechs Formeln für die Mittagsbreite zur Verfügung, drei für die Nord- und drei für die Südhalbkugel. Welche der Formeln »paßt«, hängt davon ab, ob die Sonne im Süden oder im Norden während der Mittagszeit, also auf ihrem höchsten Punkt, gesehen wird und ob die Breite der Sonne nördlich oder südlich ist. Letzteres wird direkt aus dem Jahrbuch entnommen. Aber Achtung: Die Bezeichnung »N« oder »S« ist im Nautischen Jahrbuch nur alle 5 Zeilen angegeben. Es kommt also darauf an, ob bei Sonnenbreite, das ist die zweite senkrechte Spalte, der Zusatz »N« oder »S« angegeben ist.

Befindet sich die Yacht auf der Nordhalbkugel, gilt:
a) Hat die Sonne eine nördliche Breite und wird sie, während sie auf ihrem höchsten Punkt steht, im Süden gemessen, dann gilt:
Schiffsbreite = 90 Grad + Sonnenbreite − Höhenwinkel.
b) Hat die Sonne eine südliche Breite, dann gilt:
Schiffsbreite = 90 Grad − Sonnenbreite + Höhenwinkel.
c) Hat die Sonne eine nördliche Breite und wird die Sonne auf ihrem höchsten Punkt im Norden gemessen, dann gilt:
Schiffsbreite = Sonnenbreite + Höhenwinkel − 90 Grad.

Befindet sich die Yacht auf der Südhalbkugel, dann gilt:
a) Hat die Sonne eine südliche Breite und wird sie im Norden gemessen dann gilt:
Schiffsbreite = 90 Grad + Sonnenbreite − Höhenwinkel.
b) Hat die Sonne eine nördliche Breite, dann gilt:
Schiffsbreite = 90 Grad − Sonnenbreite − Höhenwinkel.
c) Ist die Sonnenbreite südlich und wird die Sonne im Süden gemessen, dann gilt:
Schiffsbreite = Sonnenbreite + Höhenwinkel − 90 Grad.

Weil es gern vergessen wird, sei nochmals darauf hingewiesen: Bevor mit dem gemessenen Winkel gerechnet wird, müssen 12 Minuten hinzugezählt werden.
Wie einfach die Schiffsbreite berechnet werden kann, ergibt sich aus folgendem Beispiel:
Die Yacht steht am 8. Juli 1991 auf ungefähr 38 Grad 22 Minuten Nord

und auf 44 Grad 10 Minuten West. Angenommen, gegen 15 Uhr wird die Sonne auf ihrem höchsten Punkt am Sextanten mit 74°04' gemessen.

Nachdem um 15 Uhr die Sonnenbreite 22° 29' N beträgt, die Yacht jedenfalls soweit nördlich steht, daß die Sonne im Süden gesehen wurde, gilt:

Schiffsbreite = 90 Grad + Sonnenbreite − Höhenwinkel

also:

Schiffsbreite = 90 + 22° 29' − 74° 16'.

Die Schiffsbreite beträgt also 38° 13' N.

Wer sich an den 74 Grad 16 Minuten stößt, sei daran erinnert, daß zu den gemessenen 74 Grad 04 Minuten 12 Minuten hinzugerechnet wurden.

Berechnung der Mittagslänge durch zwei gleiche Höhen

Die Sonne steht an Mittag auf dem höchsten Punkt, hat also die gleiche geographische Länge wie die Position des Schiffes. Kenne ich die Länge der Sonne, liegt damit auch die Länge der Schiffsposition vor.

Die grundsätzliche Überlegung bei der Mittagslänge durch zwei gleiche Höhen ist, daß es in der Praxis nicht möglich ist, sekundengenau festzustellen, wann Mittag ist. Dies läßt sich gut beobachten, wenn die Sonne für die Mittagsbreite gemessen wird. Scheinbar 4 Minuten bleibt sie auf dem höchsten Punkt stehen, obwohl sie genaugenommen nur für den Bruchteil einer Sekunde auf dem höchsten Punkt sein kann. Der Trick bei der Mittagslänge durch zwei gleiche Höhen ist es nun, den sekundengenauen Mittagszeitpunkt dadurch herauszufinden, daß die Sonne zweimal im gleichen Winkel gemessen wird. Logischerweise muß zwischen beiden Meßzeiten Mittag »passiert« sein.

Genial ist diese Methode deshalb, weil es überhaupt nicht darauf ankommt, in welcher Höhe die Sonne gemessen wurde, was bedeutet, daß der gemessene Winkel beispielsweise nicht verbessert werden muß. Entscheidend ist nur, daß die Sonne zweimal mit dem exakt gleichen Winkel gemessen wurde. Sekundengenau muß nur der Meßzeitpunkt bei beiden Messungen festgestellt werden.

Der sekundengenaue Mittagszeitpunkt wird ganz leicht dadurch ermittelt, daß beide Meßzeitpunkte zusammengerechnet und durch zwei dividiert werden.

Angenommen, die Sonne ist am 8. Juli 1991 zum ersten Mal um 14 Uhr 02 Minuten und 10 Sekunden mit einem Winkel von 69° 25' gemessen worden. Um 16 Uhr 02 Mi-

nuten und 30 Sekunden wurde die Sonne dann wieder exakt mit dem gleichen Winkel auf den Horizont gesetzt.
Der Mittagszeitpunkt wird dann folgendermaßen ermittelt:

14-02-10
16-02-30
───────────────
30-04-40 : 2 = 15-02-20

Nachdem somit der Mittagszeitpunkt genau ermittelt worden ist, also der Zeitpunkt, in dem die Sonne genau im Süden der Yacht gestanden hat und sich damit auf der gleichen geographischen Länge wie die Yacht befunden hat, braucht jetzt nur noch mit Hilfe des Nautischen Jahrbuchs festgestellt werden, auf welcher Länge die Sonne laut Jahrbuch um 15 Uhr 02 Minuten 20 Sekunden gewesen ist. Die geographische Länge der Sonne entspricht dann exakt der geographischen Länge der Schiffsposition. Die geographische Länge der Sonne für 15 Uhr läßt sich direkt aus dem Jahrbuch für den 8. Juli 1991 herauslesen. Da war die Sonne nämlich auf 43° 45,3′ West. Zur genauen Ermittlung der geographischen Länge der Sonne ist dann lediglich noch festzustellen, wie weit die Sonne zusätzlich in 2 Minuten und 20 Sekunden gekommen ist und dies dem Wert von 15 Uhr 0 Minuten 0 Sekunden, also den 43° 45,3′ hinzuzuzählen.

Um dies genau zu ermitteln, werden zunächst im Taschenrechner die Grade (als Dezimalgrade) festgestellt, um die sich die Sonne weiterbewegt hat. Dies läßt sich nach folgender Formel errechnen:

Sekunden : 60 + Minuten, also:
20 : 60 + 2 = 2,33

Nachdem in 4 Minuten die Sonne einen Längengrad zurücklegt, müssen die Minuten noch durch 4 geteilt werden, um die Längengrade zu erhalten:

2,33 : 4 = 0,58333 Grad

Längenkoordinaten werden mittels Grad und Minuten und nicht in Dezimalgrad angegeben. Daher werden jetzt noch die Nachkommastellen der Längengrade in Längenminuten umgewandelt. Dies geschieht einfach dadurch, daß die 0,58333 mit 60 multipliziert werden, was 35 Längenminuten ergibt. Die Sonne hat sich also bis zur genauen Mittagszeit seit 15 Uhr noch um 0° 35′ nach Westen fortbewegt. Die exakte Mittagslänge beträgt somit:

43 Grad 45,3
+00 Grad 35
───────────────
43 Grad 80,3 Minuten

Nachdem 60 Minuten 1 Grad ergeben, werden die 43 Grad 80,3 Minuten noch in 44 Grad 20,3 Minuten verwandelt.

Die exakte Länge ist also 44° 20' W. Würde die Yacht auf Ostlänge schippern, ergäbe sich eine Länge von über 180 Grad. In diesem Fall braucht das Ergebnis nur von 360 Graden abgezogen werden, um die Ostlänge zu erhalten.

Bei dieser kinderleichten Methode handelt es sich um eine hochgenaue Bestimmung der Länge, wenn sich die Yacht zwischen beiden Messungen nicht bewegt hat. Im extremsten Fall würde die Genauigkeit um die Seemeilen vermindert werden, die die Yacht zwischen den beiden Messungen in Nord-Süd-Richtung zurückgelegt hat. Selbst wenn also die Yacht mit ca. 6 Knoten dahingerauscht ist, ergeben sich hieraus höchstens Ungenauigkeiten von 12 Meilen.

Um die Einfachheit der Berechnung der Mittagslänge beizubehalten, sollte also der Navigator mit einer derartigen Ungenauigkeit rechnen. In der Bordpraxis reicht die so erzielte Genauigkeit allemal dazu aus, die Insel auf der anderen Seite des Ozeans zu erreichen. Ist der Navigator aber an einer möglichst genauen Feststellung einer geographischen Länge interessiert, so wird er in diesem Fall ausnahmsweise halt zwischen den beiden Messungen die Segel runterholen und zwischen den beiden Messungen auf der Stelle treiben.

Sollte ein GPS-verwöhnter Navigator jammern, daß die beiden aufgeführten Methoden nicht sehr genau sind, dann halte ich ihm entgegen, daß zu Zeiten, als es noch keine Satellitennavigation gab, zahlreiche Weltumsegler mit nichts anderem um die Welt navigiert sind, als mit der Mittagsbreite und der Mittagslänge. Für den GPS-Ausfall reicht somit zur Not diese Einfachmethode zur Ermittlung des Schiffsortes aus Sonnenmessungen aus.

In diesem Fall wird der Navigator mit dem angeführten »Kochrezept« sicher ohne große Übung zurechtkommen und in der Lage sein, sich weiterzuhelfen.

Wiederholte Warnung: Dies gilt allerdings nur dann, wenn der Navigator das Nautische Jahrbuch für das betreffende Jahr und einen Sextanten an Bord hat.

18. Datenausgang

Fast alle GPS-Empfänger sind grundsätzlich in der Lage, mit anderen Geräten verbunden zu werden, d. h. daß andere elektronische Navigationshelfer vom GPS-Empfänger Position, Fahrt und Geschwindigkeit übernehmen und diese entsprechend verarbeiten können. Zumindestens theoretisch. In der Praxis stößt dies häufig auf gewaltige Schwierigkeiten.

Man hat sich schon vor Jahren auf einen gewissen Standard bei Marinegeräten zum Datenaustausch geeinigt. Deshalb finden wir in den Prospekten für die GPS-Empfänger häufig den Hinweis auf eine »Standardschnittstelle«.

Die Standards werden häufig als »NMEA 0183« oder »NMEA 0180« bezeichnet. Diese Bezeichnungen besagen aber noch lange nicht, daß sich z. B. zwei Geräte, von denen beide über »NMEA 0183« verfügen, auch verstehen. Das klingt merkwürdig, doch dem ist leider so. Wenn also jemand mehrere Geräte an Bord mit dieser angebli-

```
$PGRMZ,1414,f,3*2B
$PGRMM,WGS 84*06C,,T,,M,,N,*1F
$GPXTE,A,A,,,N*3C,,T,,M,,N,*1E,013.5,K*4B
$GPBWC,180316,,,,,,T,,M,,N,*1B,008.3,K*402,327.2,121294,000.5,E*74
$GPVTG,,T,,M,000.0,N,000.0,K*4E
$GPRMC,180317,A,4810.50,N,01115.58,E,000.0,,121294,000.5,E*5D
$GPRMB,A,,,,,,,,,,,,V*71N,01115.57,E,004.4,321.1,121294,000.5,E*7A
$GPR00,,,,,,,,,,,,,,*451
$GPGLL,4810.50,N,01115.58,E*6A
$PGRMZ,1417,f,3*281115.57,E*67
```

```
$GPRMC,180332,A,4810.49,N,01115.59,E,001.2,320.6,121294,000.5,E*79
$GPRMB,A,,,,,,,,,,,,V*71,N,*1F
$GPR00,,,,,,,,,,,,,,*45,,N,*1E,013.5,K*4B
$GPGLL,4810.49,N,01115.59,E*63,008.3,K*402,327.2,121294,000.5,E*74
$PGRMZ,1449,f,3*23,N,000.0,K*4E
$PGRMM,WGS 84*064810.50,N,01115.58,E,000.0,,121294,000.5,E*5D
$GPXTE,A,A,,,N*3C,,V*71N,01115.57,E,004.4,321.1,121294,000.5,E*7A
$GPBWC,180332,,,,,,T,,M,,N,*1D
$GPVTG,306.1,T,305.7,M,001.0,N,001.8,K*43
$PSLIB,,,K*23,3*281115.57,E*67
```

Abb. 41: Zweimal die gleiche Schnittstelle »NMEA 0183« und trotzdem keine Übereinstimmung in den »Strings«, die vom gleichen Ort aus von zwei verschiedenen GPS-Geräten gesendet wurden.

chen Standardschnittstelle hat, so ist es nicht nur möglich, daß er Schwierigkeiten beim Datenaustausch erleben wird, sondern höchstwahrscheinlich. Es sei denn, beide Geräte stammen von der gleichen Firma. In den Prospekten beeindrucken immer wieder Zeichnungen, die zeigen, wie der GPS-Empfänger unmittelbar auf den Steuerautomaten aufgeschaltet wird. Ich kenne nur ganz wenige Fälle, wo das auf Anhieb funktioniert hat.

Warum es bei verschiedenen Geräten mit der gleichen Standardschnittstelle häufig Verständigungsschwierigkeiten gibt, hat seinen Grund in den verschiedenen verwendeten Sprachen. Wenn beispielsweise das GPS-Gerät seine Position als »String« (Textzeile) mit

Abb. 42: Der Computer (unten) ist mit einem einfachen GPS (oben am Fenster) verbunden und erweitert die Möglichkeiten des GPS-Empfängers erheblich. Man beachte die unkomplizierte Position der GPS-Antenne am Empfänger. Hat ausgezeichnet funktioniert.

Hilfe der Datenleitung an ein anderes Gerät sendet, und die Position z. B. mit »GPGLL« überschrieben ist, so kann der Empfänger die Information nicht verstehen, wenn er erwartet, daß die Position als an erster Stelle in der »GPXYZ«-Zeile ausgesendet wird.

Kurz: Ist man auf seiner Yacht an einem derartigen Datenverbund interessiert, verlange man vom Verkäufer, daß er garantiert, daß die Geräte miteinander kommunizieren können. Der einfache Hinweis auf das Datenblatt des GPS-Empfängers ist unzuverlässig.

Die meisten GPS-Empfänger mit einer sogenannten seriellen Schnittstelle haben die Möglichkeit, ihren Ausgang auf verschiedene Standards einzustellen, z. B. auf »NMEA 0180«, »NMEA 0182«, »NMEA 0183« oder »RTCM«. Häufig kann auch die sogenannte Output Baud Rate gewählt werden, also die Geschwindigkeit, mit der Daten ausgesendet werden.

Wenn beispielsweise die Möglichkeit besteht, eine Baudrate von 300, 600, 1200, 2400, 4800 oder 9600 einzustellen, sollte unbedingt eine Baudrate von 4800 vorerst gewählt werden, weil viele GPS-Empfänger, die nicht die Auswahl unter verschiedenen Baudraten haben, fast immer über 4800 verfügen.

Hat ein GPS-Gerät eine serielle Schnittstelle, dann kann es auch an jeden herkömmlichen Computer angeschlossen werden. Dies eröffnet preiswerte Möglichkeiten, um aus seinem GPS-Gerät mehr herauszuholen. Besitzer solcher GPS-Empfänger können ein einmal vorhandenes Empfangsgerät mit immer neuer, nur wenige hundert Mark teuren Software »aufbessern«.

19. Kartenplotter

Eine Reihe von GPS-Geräten wird als Kombination von Empfänger und Kartenplotter angeboten. Bei diesen Geräten wird auf einem Bildschirm eine »Seekarte« abgebildet und automatisch die jeweilige Schiffsposition in die »elektronische Seekarte« eingezeichnet. Es sind auch separate Kartenplotter auf dem Markt, die an ein vorhandenes Navigationssystem mittels dessen Datenausgang anschlossen werden können.

Es kann sich ändern, aber der Autor ist (heute noch) nicht begeistert von Kartenplottern. Warum?

Schlechthin der Traum eines jeden Navigators war schon immer eine Anzeige, auf der die genaue Schiffsposition in der entsprechenden Umgebung abgebildet ist. Dies scheint mit einem Kartenplotter, der mit einem GPS-Gerät zusammenarbeitet, erreicht. Entweder hat der Navigator einen Leuchtschirm direkt an einem GPS-Gerät vor sich, auf dem er fluoreszierend sowohl die Küstenverläufe als auch seine Position blinken sieht oder aber er benutzt in der Navigationsecke einen Computer, auf dessen Bildschirm eine Seekarte dargestellt ist und als Kreuz oder als blinkender Punkt die exakte Position des Schiffes. Jeder, der dies einmal gesehen hat, wird davon sofort begeistert sein.

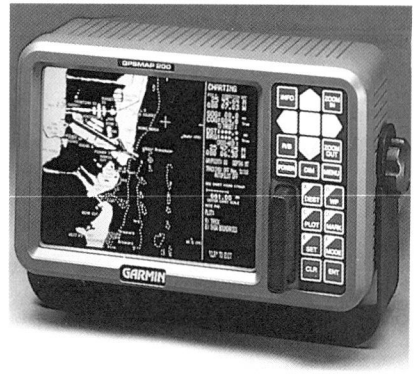

Abb. 43:

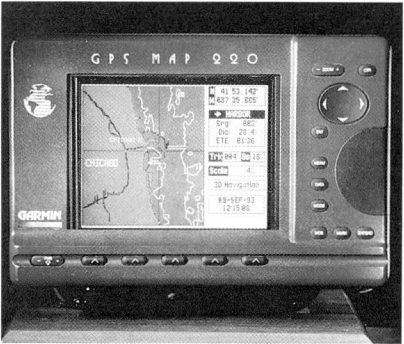

Abb. 44: Kartenplotter mit integriertem GPS-Empfänger. Die Displays zeigen auf einen Blick, daß diese Geräte eine gute Ergänzung in der Navigation sind, niemals aber Papier-Seekarten ersetzen können.

Ist auf einer Yacht nur ein einfaches GPS-Gerät vorhanden, so ist der Navigator gezwungen, jeweils vom GPS-Display die Position abzulesen und sie dann etwas mühsam in die Seekarte zu übertragen. Es leuchtet ein, daß diese Methode fehleranfällig, aber auch sehr preiswert ist.

Anders beim Kartenplotter, dort wird die Position in das Bild von der Seekarte eingeblendet, ohne daß ein Handwerker in Gestalt des Navigators zwischengeschaltet ist, der sich beim Übertragen selbstverständlich leicht irren kann.

Wo aber steckt der Haken?

Das große Problem beim Kartenplotter ist die Seekarte. Aufgrund der ungeheuren Datenmengen, die in einer Seekarte enthalten sind, ist es bei der heutigen Leistungsfähigkeit der Computer noch nicht möglich, eine Seekarte sozusagen 1:1 in den Kartenplotter zu übernehmen. Es müssen Abstriche gemacht werden. In der Werbung hört sich das dann so an, als ob zum Vorteil des Navigators »unwesentliche« Details weggelassen werden. Damit wird suggeriert, daß die Seekarte auf dem Plotter übersichtlicher ist.

Das Ganze hat aber nur einen Zweck, die Datenmengen einer Seekarte derart zu verringern, daß sie in den Computer hinein-»passen«, der sie dann auf dem Bildschirm abbildet. Der Nachteil liegt auf der Hand. Der Navigator bekommt für sehr teures Geld erheblich weniger Informationen, als er aus einer 20 Mark teuren Seekarte ersehen kann.

Wer nun meint, daß der Autor hier schwarzmalt, höre aufmerksam auf eine Fachfrau, nämlich Sigrid Schiemann, Diplom-Ingeneurin für Kartographie beim Bundesamt für Seeschiffahrt und Hydrographie:

»... Da sich die elektronische Seekarte noch im Erprobungsbetrieb befindet, gibt es auf dem Markt nur digitale Karten privater Anbieter ... Diese digitalen Seekarten unterliegen keiner amtlichen Kontrolle!

Die angebotenen Karten müssen unterschieden werden in gescannte und digitalisierte Karten. Gescannte Karten sind Seekarten, die rein optisch in eine Computerdatei kopiert werden. Das heißt, hier werden einfach Schwarz/Weiß- oder Farbwerte für jeden Bildpunkt abgespeichert. Wird der Scannvorgang nicht exakt durchgeführt, so kann es zu Lageungenauigkeiten oder zu Farbverschiebungen in der Karte kommen. Die gescannten Karten müssen außerdem genau in das systemeigene Kartennetz des Video-Plotters eingepaßt werden, damit die vom Navigationsempfänger erhaltene Position des eigenen Schiffes auf der entsprechenden Position in der Bildschirmkarte angezeigt wird. ...

Diese Karten haben den Nachteil, daß außer den angezeigten Beschriftungen sonst keinerlei Informationen aufzurufen sind und daß sie nur relativ gut lesbar sind, solange die am Bildschirm angezeigte Karte annähernd den gleichen Maßstab hat, wie die Originalkarte. Wird die Karte in einem größeren Maßstab abgebildet, sind alle Signaturen sehr groß angezeigt, dafür enthält der Kartenausschnitt nur noch wenig Karteninhalt. Wird die Karte in einem kleineren Maßstab dargestellt, dann ist zwar ein größeres Gebiet am Bildschirm abgebildet, jedoch können weder Signaturen noch Beschriftungen erkannt werden. Das heißt, wirklich brauchbar ist nur der Ausschnitt aus der Papierkarte, der der Bildschirmgröße entspricht.

Digitalisierte Karten sind Karten, so definiert es die Kartographie, deren Inhalte durch positionsbezogenes Abspeichern von Symbolen und Informationen erfaßt werden. Linien werden hierfür mit einem Stift oder einer Fadenkreuzlupe auf beispielsweise einem Digitalisiertablett nachgefahren. Diese Karten sind flexibler, da durch die Art der Dateneingabe bei vielen Video-Plottern unterschiedliche Informationsgehalte am Bildschirm erzeugt werden können. Das heißt, der Kartenbenutzer kann wahlweise außer der Basiskarte, die immer angezeigt wird, zum Beispiel Tiefen und Wracks einblenden. Unter Umständen besteht auch die Möglichkeit, zusätzlich zu Feuer- oder Tonnensignaturen Informationen aufzurufen. Alle Signaturen und Beschriftungen werden unabhängig vom Kartenmaßstab einheitlich in der Größe dargestellt . . .

Die digitalen Kartendaten der Video-Plotter sind unterschiedlich organisiert. Es kann für ein bestimmtes Seegebiet eine Datenbasis für die Darstellung aller Maßstäbe geben. In diesem Fall werden in jedem Maßstab die gleichen Informationen angezeigt. Im großen (guten) Maßstab sind dadurch zuwenig Informationen und im kleinen Maßstab zuviele Informationen enthalten. Das Kartenbild kann dadurch sehr unübersichtlich werden. Eine andere Art der Datenorganisation besteht darin für verschiedene Maßstabsgruppen unterschiedliche Datenbasen bereitzustellen. Dadurch kann beim Aufrufen eines anderen Kartenmaßstabs die Karte einen anderen Informationsgehalt bekommen. Bei allen mir bekannten Video-Plottern, außer bei denen mit gescannten Karten, gibt es die Möglichkeit, Karteninhalte ein- und auszublenden, das heißt die Karte bedingt auf die eigenen Bedürfnisse abzustimmen . . .

Der Karteninhalt der angebotenen digitalen Karten ist nicht immer sehr zuverlässig, wie die folgende

Auswahl der Fehler oder Mängel zeigt:
- In einem Kartenteil eines Video-Plotters fehlen sämtliche Schiffahrtshindernisse.
- In einem anderen Teil desselben Geräts sind Schiffahrtshindernisse bis zu einer Tiefe von 20 Metern dargestellt.
- Verschiedene Sachverhalte werden anhand der gleichen Signatur in der Karte dargestellt, zum Beispiel Radarlinien, Fahrwasserbegrenzungen und Gefahrengrenzen oder Wracks und Unreinstellen.
- Bei vielen Video-Plottern können die Informationen zu Feuern nur einzeln abgefragt werden. Das kann sehr nachteilig sein, wenn die Informationen mehrerer Feuer oder Tonnen gleichzeitig benötigt werden.
- Feuer und Tonnen sind durch ein und dieselbe Signatur dargestellt.
- Bei aneinander anschließenden Karten aus unterschiedlichen Dateien kann gelegentlich ein Versatz oder sogar eine andere Farbgebung der Signaturen bzw. der Linienelemente festgestellt werden.
- Es fehlen zum Teil wichtige Karteninformationen, wie in dem nachfolgenden Beispiel eines Fahrwassers. Geht man davon aus, daß die dargestellten Tonnen die Fahrwasserbegren-

zung markieren, so kann es nach der Video-Plotter-Karte leicht zu einer Strandung kommen. In diesem Fall handelt es sich zwar um eine 4 m-Tiefe, die nun innerhalb des Fahrwassers liegt, aber nicht dargestellt wird, aber es hätte sich auch um eine für Segler gefährliche Untiefe handeln können.

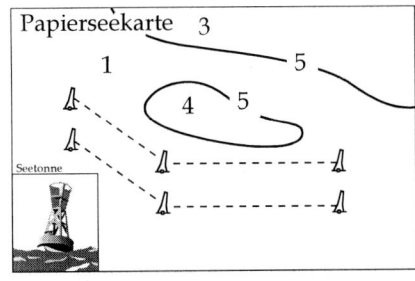

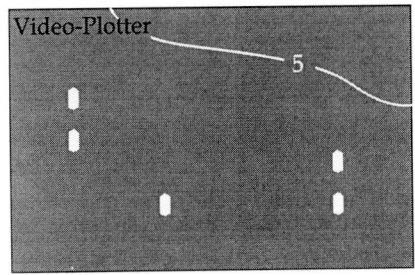

Abb. 45: Hier ist die Darstellung des Karten-Plotters unten gefährlich. Die Tiefenlinie hat er einfach »verschluckt«.

Die Genauigkeit der Video-Plotter ist bestimmt durch die Bildpunktgröße des Monitors. Sie beträgt ca. 0,3 mm. Multipliziert mit der Maßstabszahl ergibt sich daraus für den Kartenmaßstab 1:200 000 60 m. Liegt eine genaue Digitalisierung vor, bewegen sich die Ungenauigkeiten innerhalb diesen Bereichs. Bei einer ungenauen Digitalisierung beträgt die Lagedifferenz leicht das Doppelte.

Deswegen sollte jedem Benutzer bewußt sein, daß gerade so ein Gerät eine nicht vorhandene Sicherheit vortäuscht. Navigationsverfahren haben ihre eigene spezifische Ungenauigkeit und die Vermessungsgenauigkeit, die den Karten zugrunde liegt, weist ebenso Lagefehler auf.

Die Internationale Maritime Organisation (MO) befaßte sich auf einer Sitzung mit den »nicht gleichwertigen« elektronischen Seekartensystemen und gab im Januar 1993 ein Rundschreiben an alle Mitgliedsnationen heraus, in dem ausdrücklich vor der Benutzung dieser Systeme und den damit zusammenhängenden Gefahren gewarnt wird. In diesem Schreiben heißt es, daß diese Schiffsausrüstung eine Gefahr in sich bergen kann, die größer ist als bei der herkömmlichen Navigation. Video-Plotter sollten deswegen auf keinen Fall als Navigationsmittel verwendet werden, sie leisten eventuell als Hilfsmittel zu den bereits vorhandenen Navigationsverfahren zur zusätzlichen Überprüfung der Schiffsposition gute Dienste, können aber auch völlig in die Irre führen. In keinem Fall darf auf die Verwendung von amtlichen Veröffentlichungen (Seekarten usw.) verzichtet werden.«

Das klingt nicht sehr ermutigend. Es wird dabei aber nicht übersehen, daß jeder ernsthafte Navigator, der einen Kartenplotter benutzt, mit Sicherheit ohnehin die aktuelle Seekarte zusätzlich an Bord haben wird. Dann aber schmilzt der Vorsprung, den ein Kartenplotter in puncto Bequemlichkeit haben wird, zusammen und es fragt sich, ob er den Anschaffungspreis wirklich wert ist, wenn leicht mit 30 Mark Investition in die betreffende Seekarte mehr Zuverlässigkeit und Genauigkeit erzielt werden kann.

Ernsthaft für die Navigation herangezogen werden können Kartenplotter nämlich erst dann, wenn tatsächlich Seekarten komplett mit allen Detailinformationen elektronisch dargestellt werden können. Solange Kartenplotter mit Disketten, Eproms (Datenspeicher mit eingebrannten Informationen) oder mit sonstigen Rom-Modulen arbeiten müssen, ist dies sicher nicht der Fall. Die CD-Platte scheint hier die Zukunft zu weisen. Auf ihr läßt sich ungefähr die 500-fache Datenmenge unterbringen. Eine einzige Seekarte, direkt gescannt, hat aber auf einer engbeschriebenen, modernen Diskette schon keinen Platz mehr, wenn die kompletten Informationen einer Seekarte übernommen werden sollen.

Dies ist aber nicht das einzige Problem mit Kartenplottern. Selbst

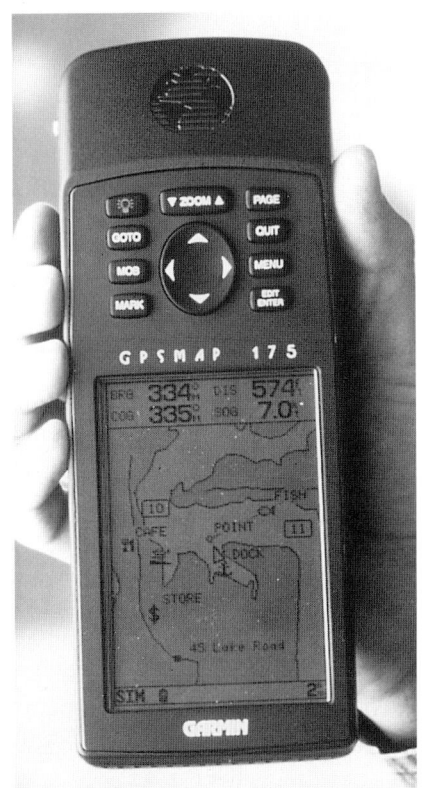

wenn die Herstellerfirma die technischen Möglichkeiten geschaffen hat, um immer wieder auf die neueste Ausgabe einer elektronischen Seekarte zurückgreifen zu können, wird es ein teurer Spaß, sich mit mehreren Seekarten für die jeweilig benötigten Gebiete einzudecken. Wenn man sich also für die Anschaffung eines Kartenplotters interessiert, so sollte man sich von vornherein eine Liste der Gebiete zeigen lassen, die heute erhältlich sind und die entsprechenden Preise für Nachlieferungen in Erfahrung bringen.

Abb. 46: Auch Handgeräte verfügen heute über einen eingebauten Kartenplotter (Garmin 175). Zur exakten Navigation sicher nicht geeignet, bestens aber zur groben Orientierung.

20. Differential-GPS (DGPS)

Es ist mehr eine Frage der Navigationsphilosophie, ob Differential-GPS (DGPS) wirklich für die Seefahrt notwendig ist. Navigatoren, die die Kunst der Zielfindung von der Pike auf, also in GPS-losen Zeiten, gelernt haben, werden darüber den Kopf schütteln, während Newcomer von der Idee begeistert sind, nicht nur Schiffsorte auf 100 m genau, sondern auf 10 m genau zu bekommen. Hier sei vor Euphorie gewarnt: Allzu leicht wird der Skipper, der dann also fast punktgenau navigieren kann, blind für mögliche Fehler und technische Unzulänglichkeiten. Er wird zuviel Vertrauen zur exakten Navigation entwickeln und deshalb auch nicht zögern, die gewonnene Genauigkeit auszunutzen. Es ist dies mit zwei Bergwanderern zu vergleichen. Der eine wird sich an einen schwindelerregenden Felsgrat nur auf 10 m heranwagen, während der andere »mutigere« keine Hemmungen hat, 20 cm neben dem Abgrund zu stehen. Beiden wird unter normalen Umständen nichts passieren. Wenn es aber zu irgendwelchen Störungen von außen kommt, dann ist selbstverständlich der »mutigere« Bergwanderer ungleich mehr gefährdet als sein übervorsichtiger Begleiter. Ähnliches gilt für die Benutzung von Differential-GPS.

Ob Differential-GPS in absehbarer Zeit für die gesamte Schiffahrt, unabhängig vom Fahrtenrevier, zur Verfügung stehen wird, ist heute noch nicht ganz sicher, zumal ernsthafte Überlegungen angestellt werden, ob in Zukunft auch für zivile Benutzer eine höhere Genauigkeit des GPS-Systems eröffnet werden soll. Umso mehr ist es eine finanzielle Frage, wieweit Differential-GPS ausgebaut werden soll. Auf vielbefahrenen Gebieten, wie beispielsweise den deutschen Küstengewässern oder den Gewässern rund um England wird mit Sicherheit Differential-GPS lückenlos eingerichtet werden, was entgegen den ursprünglichen Erwartungen für den Yachtsegler keine horrenden Mehrkosten bringen wird. Auch die Gebührenpflicht, die solange diskutiert worden ist, scheint vom Tisch zu sein.

Differential-GPS funktioniert nach

einem recht einfachen Prinzip. Von einem bestimmten Ort an der Küste aus, dessen Position damit metergenau feststeht, wird festgestellt, um wieviel der an diesem Ort befindliche GPS-Empfänger abweicht. Die hieraus errechneten Korrekturwerte werden sodann über Funk an die in der näheren Umgebung des Senders befindlichen Schiffe übermittelt, wo ein spezieller Empfänger den entsprechenden ausgerüsteten GPS-Empfänger füttert. Der Rest ist einfach, der GPS-Empfänger berücksichtigt die empfangenen Korrekturen und kommt somit zu einem Standort mit einer Genauigkeit von 10–15 m.

Notwendig für Differential-GPS ist also ein »Vergleichsempfänger« an Land und ein angeschlossener Sender für die Korrekturwerte. Beide müssen »in der Nähe« des Schiffes sein, weil die Abweichungen in der Genauigkeit nur für ein begrenztes geographisches Gebiet »gleich« sind.

Wird ein GPS-Empfänger mit dem Zusatz »vorbereitet auf Differential-GPS« gekauft, so muß später, wenn ein entsprechender Sender an Land eingerichtet ist, lediglich ein Zusatzempfänger angeschafft werden, der die Korrekturwerte im Bereich von 283,5 bis 325 KHz, also im Langwellenbereich, empfängt und damit den GPS-Empfänger füttert.

Die Kosten, um einen vorhandenen, aber für die GPS-vorbereiteten Empfänger auf Differential-GPS aufzurüsten, werden nicht viel höher sein, als für den GPS-Empfänger aufzuwenden waren. Grob gesagt wird also DGPS ungefähr doppelt so teuer wie das einfache GPS.

Ob letztlich DGPS dauerhaft und weltweit installiert wird, ist ungewiß. Schon einmal ist ein ähnliches Verfahren projektiert und bald darauf wieder beerdigt worden: Differential-Omega. Freilich mag hier auch eine Rolle gespielt haben, daß das Omegasystem insgesamt die hochgespannten Erwartungen nicht erfüllte, was bei GPS ausgeschlossen scheint.

Abb. 47

Abkürzungsverzeichnis/ Fachausdrücke

Acquisition
Erfassen eines GPS-Satelliten. Ist diese Phase abgeschlossen, wird der Satellit zur Laufzeitmessung verfolgt.
Almanach
Statusinformation über die Konstellation der Satelliten. Hat der GPS-Empfänger seine Informationen (zum Beispiel bei zu langsamen Batteriewechsel oder nach langer Pause) verloren, wird zunächst der Almanach von den Satelliten geladen werden. Davon hängt die zum Teil lange Initialisierungszeit (bis zu einer halben Stunde) der einzelnen Geräte ab.
ATD
Distanz zum augenblicklich angesteuerten Wegpunkt. Sie wird gemessen vom Punkt des Kurses, der rechtwinklig zur derzeitigen Schiffsposition liegt.
Azimut
Rechtweisende oder mißweisende Richtung zu einem Satelliten. Steht dieser genau im Süden, beträgt sein Azimut 180°.
Baud-Rate
Die Baud-Rate bestimmt die Geschwindigkeit/Sekunde, mit der Daten von und zum GPS-Empfänger über seine (serielle) Schnittstelle gesendet werden. Die meisten NMEA 0183-Schnittstellen arbeiten mit einer Baud-Rate von 4800.
BCN
Beacon; Funkfeuer. Arbeitet im Langwellenbereich.
BSH
Bundesamt für Seeschiffahrt und Hydrographie (früher DHI).
BRG
Bearing; die Richtung von der Schiffsposition zu einem Wegpunkt. Wird entsprechend der Kompaßrose immer von 0° bis 360° im Uhrzeigersinn angegeben.

BZT
Bundesamt für die Zulassung in der Telekommunikation (früher FTZ).
C/A-Code
Coarse Acquisition-Code; Signalcode für die grobe Erfassung – für zivile Benutzer.
CDI
Course Deviation Indicator = Kursabweichungsanzeiger. Gibt an, um wieviel die Yacht vom gewünschten Kurs zum Ziel seitlich versetzt ist. Vergleiche: XTE. Die Abweichung wird auch als »Ablage« bezeichnet.
Character
Buchstaben, Zahlen oder Symbole, die auf der Anzeige von GPS-Geräten erscheinen können.
Checksum
Testsumme als hexadezimaler Wert. Dient zur Überprüfung, ob gesendete Daten auch vollzählig angekommen sind.
CMG
Course made good = tatsächlich über Grund zurückgelegter Kurs.
Coordinate System
Ein Koordinatensystem wird benötigt, um geographische Positionen auf der Erdoberfläche zu definieren, damit sie in eine Karte eingezeichnet werden können.
Course
Kurs, also die Richtung, der gefolgt werden muß, um ein bestimmtes Ziel (meist als Wegpunkt im GPS-Empfänger eingegeben) zu erreichen.
CPA
Closest Point of Approach; nähester Annäherungspunkt.
CTS
Course to steer; dieser »Kurs durchs Wasser« ist kein unmittelbarer GPS-Wert. Er wird von manchen Geräten (z. B. vom Typ

Garmin) errechnet. Es ist der Kurs, der gesteuert werden muß, um auf dem kürzesten Weg zum Ziel zu gelangen.

CTE
siehe XTE.

DBR
Differential Beacon Receiver; Empfänger für Korrekturwerte im Differential-GPS-Verfahren.

DGPS
Differential-GPS.

Datum
Mathematische Annäherung, um die nicht ganz kugelförmige Gestalt der Erde in eine geometrische Figur zu rechnen und schließlich, um die dreidimensionale Erdoberfläche auf die zweidimensionale Karte zu projizieren. Beim Gebrauch einer Seekarte sollte das Kartendatum (meist WGS84) mit dem einstellbaren Datum im GPS übereinstimmen. Nur dann ist höchstmögliche Genauigkeit gewährleistet.

Default Settings
Sind wichtig, wenn man die Einstellungen am GPS-Gerät dauernd verstellt hat, so daß in der Gerätebeschreibung erhebliche Abweichungen von den Einstellungen am GPS-Gerät auftreten. Wenn das GPS-Gerät wieder auf »Default Settings« gestellt wird, dann werden die Werksvoreinstellungen wieder hergestellt.

Differential-Korrekturen
Korrekturen, die von einer festinstallierten Station an Land mit bekannter Position als Abweichungen der GPS-Position gegenüber der tatsächlichen geographischen Position errechnet werden.

DMG
Distance made good; gutgemachte Entfernung, also zurückgelegte Strecke vom aktiven Wegpunkt zur Schiffsposition.

DOP
Dilution of precision; Präzisionsverminderung. DOP bezeichnet die Fehlerqualität auf Grund günstiger bis schlechter Satellitengeometrie. »1« ist der beste Wert. Ab »8« spricht man von schlechter Geometrie.

DOT
Department of Transportation; amerikanisches Verteidigungsministerium.

DTK
Soll-Kurs oder »wahrer Kurs«. DTK ist der rechtweisende Kurs zwischen dem zuletzt passierten und dem augenblicklich angesteuerten Wegpunkt.

Elevation angle
Höhenwinkel eines GPS-Satelliten über dem Horizont.

EPE
Geschätzter Positionsfehler. Er ist der Gesamtfehler der angezeigten GPS-Position. Darin nicht enthalten sind beispielsweise Fehler wegen Kartenungenauigkeiten.

ETA
Estimated Time of Arrival = geschätzte Ankunftszeit, falls sich die derzeitige Geschwindigkeit nicht ändert. Angabe in Ortszeit möglich, sollte jedoch in Weltzeit (UTC) erfolgen.

ETD
Estimated Time of Departure = geschätzte Abfahrtszeit, Startzeit. Angabe in Ortszeit möglich, sollte jedoch in Weltzeit (UTC) erfolgen.

ETE
Estimated Time Enroute = Zeit bis zur Ankuft, falls jetzige Geschwindigkeit gleich bleibt.

GLONASS
Global Navigation Satellite System; russisches »GPS-System« mit 15 Satelliten. 24 – wie beim amerikanischen System – sind geplant.

GPS POS
Derzeitige GPS-Position. Mindestens drei GPS-Satelliten sind hierzu nötig.

GPS-Signal
C/A-Code auf 1023 MHZ; L1-Signal auf 1575,42 MHz; L2-Signal auf 1227,60 MHz.

GS
Fahrt über Grund wird von jedem GPS-Empfänger durch Vergleich der letzten Position mit einer früheren Position errechnet und angezeigt, während Speedometer niemals die Fahrt über Grund, sondern immer die Fahrt durchs Wasser angibt. Sie wird auch als Geschwindigkeit über Grund (VOG) bezeichnet.

LOP
Line of Position; Standlinie.

Magnetic Nord
Wird vom Magnetkompaß angezeigt.

MOB
»Man over Board«. Zahlreiche GPS-Empfänger haben eine MOB-Funktion, das heißt, auf Knopfdruck kann die jeweilige Position abgespeichert werden. Nicht nur im Falle eines Unglücks eine nützliche Funktion.
MSL
Mean Sea Level; Mittlere Meereshöhe.
NAVSTAR
Navigation System with Time and Ranging; Amerikanisches GPS-System.
NDB
Non-directional beacons; Flugfunkfeuer werden in der Fliegerei immer noch als Peilobjekte benutzt – trotz GPS.
NM
Nautical Mile; Seemeile.
NMEA
National Marine Equipment Association; Marine-Standard für Datenübertragung von Gerät zu Gerät.
OLD POS
Frühere Position.
Orbit
Satelliten-Umlaufbahn um die Erde.
PDOP
Position Dilution of Precision, siehe DOP.
Remote Unit
Fernbedienung.
RNG
Range = Entfernung. RNG ist die verbleibende Entfernung der Schiffsposition zum Ziel-Wegpunkt.
RTCM
Datenformat, das vom (Land-)Sender benutzt wird, um Korrekturdaten dem DGPS-Empfänger zu übermitteln, siehe auch DGPS.
Repeat Rate
Wiederholgeschwindigkeit bei der Aussendung von NMEA-Daten.
ROM
Read Only Memory; Datenspeicher, der nur gelesen und nicht beschrieben werden kann. Die Software eines GPS-Empfängers ist in einem ROM untergebracht.
SA
Selective Availability = Künstliche Verschlechterung der GPS-Position durch den Betreiber des GPS-Systems, dem amerikanischen Verteidigungsministerium. SA-Fehler geht bei einem 2D-Fix bis zu 300 Fuß, also hundert Meter.
SOG
Speed over Ground; Geschwindigkeit über Grund.
SV
Space vehicle = Bezeichnung für Satelliten.
TH
True Heading; rechtweisender Steuerkurs.
TRK
Track Over Ground = Kartenkurs. Der Kartenkurs ist die Bewegungsrichtung über Grund.
TRN
Abtriftfehler. TRN ist die Differenz zwischen BRG und TRK.
TT
True Track; rechtweisender Kurs über Grund.
Update Rate
Gibt an, wie oft die Position neu bestimmt wird.
UTC
Universal Time Coordinated = Weltzeit. Für praktische Zwecke ist sie mit der Mittleren Greenwich Zeit (MGZ) identisch. Die MGZ ist die Mitteleuropäische Zeit minus 1 Stunde.
VAR
Variation; Mißweisung.
VEL
Velocitiy; Geschwindigkeit.
VMG
Gutgemachte Geschwindigkeit. VMG ist die Geschwindigkeit in direkter Richtung zum Ziel.
VOG
Velocity over Ground; Geschwindigkeit über Grund.
Waypoint
Wegpunkt. Eine geographische Position, die mit ihren Koordinaten und einem Namen oder einer Ordnungsnummer im GPS-Empfänger gespeichert wird.
WPT
Waypoint; Wegpunkt.
XTK oder XTE
»Cross track error«; seitliche Kursversatz in Seemeilen oder Grade. Wird häufig bei der CDI digital angegeben.

Michael Heinrichs
Segel richtig trimmen
ca. 90 S., 30 Abb., brosch.
ca. DM/sFr 19,80/öS 155,–
Bestell-Nr. 50207

Michael Heinrichs
Mast und Rigg richtig trimmen
80 S., 44 Abb., broschiert
DM/sFr 19,80/öS 155,–
Bestell-Nr. 50196

Clemens Richter
Hafenmanöver
72 S., 42 Abb., broschiert
DM/sFr 19,80/öS 155,–
Bestell-Nr. 50197

Änderungen vorbehalten

Clemens Richter
Einfach Segeln
ca. 90 S., 30 Abb., brosch.
ca. DM/sFr 19,80/öS 155,–
Bestell-Nr. 50220

Clemens Richter
Wetterkunde richtig angewandt
80 S., 42 Abb., broschiert
DM/sFr 19,80/öS 155,–
Bestell-Nr. 50195

Dieter Brümmer
Yachtelektrik leicht repariert
96 S., 45 Abb., broschiert
DM/sFr 19,80/öS 155,–
Bestell-Nr. 50206

»Bordpraxis«
– die neue Reihe,
die zur Sache kommt

Dieter Brümmer
GMDSS – Das neue Seefunksystem
Dieses Handbuch für das neue Seenot- und Sicherheitsfunksystem »Global Marine Distress and Safety System« (GMDSS), das ab 1999 die bisherigen Funk-Verfahren ersetzt, vermittelt alle Kenntnisse, die für die Lizenz und die Zusatzprüfung zum GMDSS erforderlich sind.
164 Seiten, 36 Abb., broschiert
DM/sFr 24,80/öS 194,–
Bestell-Nr. 50221

DER VERLAG FÜR
MARITIM-BÜCHER

Postfach 10 37 43 · 70032 Stuttgart
Telefon (07 11) 2 10 80-14/22
Telefax (07 11) 2 36 04 15